AF389925

EXPLICATION

DES USAGES

DE L'ARITHMOGRAPHE,

INSTRUMENT PORTATIF,

Au moyen duquel on obtient en un instant les résultats de toutes sortes de calculs, sans avoir besoin d'écrire aucun chiffre.

SECONDE ÉDITION,

AUGMENTÉE D'UN GRAND NOMBRE D'APPLICATIONS QUI N'AVAIENT POINT ÉTÉ INDIQUÉES DANS LA PREMIÈRE.

PAR F. GATTEY,

MEMBRE DU CONSEIL DES POIDS ET MESURES.

A PARIS,

CHEZ MICHAUD FRÈRES, IMPRIMEURS-LIBRAIRES, RUE DES BONS-ENFANTS, N°. 34;

ET SE TROUVE, AINSI QUE L'INSTRUMENT, CHEZ L'AUTEUR, RUE D'ENFER, N°. 9.

M. DCCC. X.

ERRATA.

Nota. Nous invitons le lecteur à faire, avant de lire cet écrit, les corrections qui sont indiquées ici, sans quoi il pourrait se trouver embarrassé dans quelques endroits.

Pages.

18. Après le mot *décimaux*, ligne 4, mettez une virgule et un point, et après le mot *décimale*, ligne 6, mettez une virgule au lieu d'un point, alors la phrase coupée mal à propos par un alinéa, deviendra intelligible.

21. Ligne dernière, au lieu de 154660, *lisez :* 154860, et au lieu de 340, *lisez :* 140.

36. Ligne 3, au lieu de 50.6, *lisez :* 50.7, et faites la même correction dans l'opération qui suit.

37. Ligne 17, au lieu des chiffres 2, 3, 5, 5, *lisez :* 2, 3, 5, 2 ; et ligne 22, au lieu du nombre 235500, *lisez :* 235200.

38. Ligne 25, au lieu de 75, *lisez :* 7.5.

54. Ligne 13, au lieu de ces mots : les fractions, *lisez :* ces fractions.

59. Lignes 20 et 21, au lieu de 8.75, *lisez :* 87.5.

61. Ligne 19, au lieu de 4.895, *lisez :* 0.4895.

64. Ligne 13, au lieu de 640, *lisez :* 630.

65. Lignes 13, 14, 18 et 19, au lieu de 77600, *lisez :* 77700.

83. Ligne 29, au lieu de 1.57, *lisez :* 2176.

85. Ligne 7, au lieu de 24.13, *lisez :* 24.17

87. Dans l'opération figurée, au lieu de 1 2.3, *lisez :* 1 : 1.23 ; au lieu de 71.4, *lisez :* 71.3 ; au lieu de 124 3, *lisez :* 124.2.
Ligne 24, au lieu de 78.6, *lisez :* 785, et ligne 25, au lieu de 0.786, *lisez :* 0 785

95. Lignes 14, 16 et 17, au lieu de 1.74, *lisez :* 1.77, au lieu de 17 litres et 4 dixièmes, *lisez :* 17 litres et 7 dixièmes ; au lieu de 1740, *lisez :* 1770, et au lieu de 174, *lisez :* 177.

105. Rapports des côtés des polygones,

de 8 côtés, au lieu de	1.304,	*lisez :*	1.307	
de 9 —	—	1.463	—	1.462
de 11 —	—	1.776	—	1.775
de 14 —	—	2.252	—	2.247
de 17 —	—	2.725	—	2.721
de 22 —	—	3.514	—	3.513
de 24 —	—	3.828	—	3.831

110. Ligne 3, au lieu de voix, *lisez :* voie.

114. Ligne dernière, après le nombre 10, mettez une virgule et un point.

115. Ligne première, après le mot valeur, au lieu d'une virgule et un point, mettez une virgule ; sans cela la phrase n'est point intelligible.
Ligne 9, au lieu de si l'on voulait, *lisez :* si l'on veut.
Ligne 10, au lieu de fut déterminé, *lisez :* soit déterminé.

117. Ligne 26, au lieu de 138.800, *lisez :* 138800.
Ligne 30, au lieu de 832.800, *lisez :* 832800.
Ligne 32, au lieu de 1500000, *lisez :* 1500000.

PRÉFACE.

———

On voit fréquemment des livres après le titre desquels on lit ces expressions exagérées : *Ouvrage indispensable à telles et telles personnes ;* et il est rare même que la nomenclature de ces personnes ne comprenne la presque totalité des citoyens de toutes les classes et de toutes les professions. J'aurais pu, à l'imitation des auteurs de ces livres, ajouter au titre de ce petit écrit, une longue liste des personnes auxquelles il peut être utile ; mais ce style emphatique est trop loin de la vérité ; on s'est fort bien passé jusqu'à présent et de l'arithmographe et de l'écrit qui en donne l'explication , aussi bien que de ces ouvrages dont le titre fastueux annonce bien moins leur importance, que le désir que leurs auteurs peuvent avoir de les débiter. C'est à l'expérience à décider si un ouvrage est bon, si une chose est utile ou non ; c'est elle seule qui peut recommander l'usage de l'instrument que je publie : s'il est d'une utilité indispensable pour quelqu'un, ce ne sera que pour ceux qui auront appris à s'en servir, et qui se le seront rendu familier par une pratique habituelle ; ceux-là seulement ne pourront plus s'en passer.

Il est sans doute des hommes dont l'intelligence est

trop bornée, pour qu'ils puissent aisément comprendre le mécanisme de l'instrument dont il s'agit, et en tirer tous les avantages dont il est susceptible; il en est d'autres qui sont trop savants pour daigner descendre à l'emploi de pareils moyens, pour faire des calculs qui n'ont pour eux aucune difficulté ; mais si avec le temps et un peu d'application, les premiers peuvent cependant parvenir, par une simple routine, à se servir utilement d'un instrument qui les dispensera de beaucoup de travail, les autres aussi peuvent trouver quelque satisfaction à faire usage d'un moyen qui au moins leur économisera un temps si précieux pour eux. Les tables de logarithmes, dont ils ne dédaignent pas de se servir, ne sont-elles pas elles-mêmes un moyen mécanique? L'instrument dont il s'agit, n'en diffère qu'en ce qu'il présente tout faits les résultats que l'on n'obtient par la voie des logarithmes, qu'en feuilletant des tables et en faisant sur les logarithmes eux-mêmes des opérations qui ne laissent pas de prendre du temps. La moindre opération par la voie des logarithmes, telle par exemple qu'une multiplication, exige que l'on cherche successivement le logarithme du multiplicande et celui du multiplicateur, qu'on en fasse l'addition et que l'on cherche encore dans les tables le nombre naturel du logarithme nouveau, formé par l'addition des deux premiers. Avec l'arithmographe, la même opération n'exige autre chose que de placer l'index sur le multiplicande, et de chercher ensuite des yeux quel est le nombre correspondant au multiplicateur ; et tout cela se fait en beaucoup moins de temps qu'il n'en faut pour chercher un seul logarithme (*).

L'emploi des logarithmes est, il est vrai, un moyen d'arriver à des résultats plus exacts que celui de l'instrument dont il s'agit, avec le secours duquel on n'obtient guère que des résultats approximatifs. Mais combien n'est-il pas de cas où ces approximations sont plus que suffisantes, et où l'exactitude des autres moyens ne dédommage pas du temps et du travail qu'ils ont employés.

J'ajouterai encore ici une considération importante, c'est que l'on peut fort bien se tromper dans les opérations que l'on fait, soit par les voies ordinaires du calcul, soit par le moyen des logarithmes, et que l'on n'est sûr de ses résultats qu'après qu'on les a vérifiés par une autre opération, qu'on appelle la preuve ; au lieu qu'avec l'instrument dont il s'agit, on ne peut jamais commettre d'erreur notable ; et cet instrument ne fût-il considéré que sous ce dernier point de vue, offrirait encore assez d'avantage, même aux personnes les plus instruites et les plus exercées aux calculs, pour les engager à s'en servir, puisqu'ils auraient toujours en lui

---

(*) Une règle de trois qui, par la voie des logarithmes, exige que l'on prenne successivement le logarithme de chacun des termes moyens, qu'après en avoir fait l'addition, on retranche du total le logarithme du premier terme, et enfin qu'on cherche le nombre naturel correspondant au logarithme restant ; cette opération, dis-je, se fait avec l'arithmographe aussi promptement que la simple multiplication, et en moins de temps qu'il n'en faut pour écrire les termes de la proportion, ou pour trouver le logarithme d'un seul terme.

un contrôleur de leurs opérations qui les dispenserait d'en vérifier l'exactitude.

Je rapporterai ici, à cette occasion, une chose qui m'est arrivée, et qui ne contribuera pas peu, sans doute, à faire sentir l'utilité de mon instrument.

J'avais à faire la conversion d'un certain nombre de mesures anciennes en nouvelles, et il s'agissait de multiplier le rapport de cette espèce de mesures par le nombre donné. Je fis l'opération par la voie des logarithmes, et j'obtins un résultat qui ne se trouva point conforme à celui que me donnait mon instrument. Je recommençai l'opération par les moyens ordinaires du calcul, et je me trouvai d'accord avec mon certificateur. Je ne pus pas douter alors que ce ne fussent les logarithmes qui m'eussent trompé ; et en effet, je reconnus qu'il y avait une erreur dans les tables (*).

Si je m'étendais davantage sur les avantages de l'instrument que j'offre au public, je craindrais qu'on ne m'accusât, peut-être avec raison, d'une prévention exagérée en sa faveur, quoique peut-être elle fût excusable. Je laisserai donc au public à lui assigner le degré d'estime qu'il peut mériter.

(*) Les tables dont je me servais étaient celles de M. de Borda, publiées par M. de Lambre. L'erreur est dans les logarithmes des nombres :

2650

2651

2652   Le premier chiffre des nombres logarithmiques correspon-

2653   dants aux colonnes 4, 5, 6, 7, 8 et 9, est un 5, et doit

2654   être remplacé par un 3.

L'instrument dont il s'agit a été publié, pour la première fois, en l'an VII (1798), sous le nom de *Cadran logarithmique*, j'ai cru devoir substituer à ce nom celui d'*Arithmographe*, sous lequel je le présente aujourd'hui, comme plus simple et exprimant mieux sa destination , puisqu'en effet il donne tout faits , et en quelque sorte écrits, les résultats des opérations qui se font sur les nombres, et que le mot de cadran était assez inutile, chacun voyant bien à son inspection que c'est un cadran.

Je ne dois point laisser ignorer au public, que l'instrument que je lui offre n'est pas le seul qui ait été fait dans ce genre.

Il y avait déjà quelque temps que j'avais publié mon Cadran logarithmique, lorsque j'appris par les Journaux , que M. le Blond avait présenté au Corps législatif un instrument à peu près semblable , sous le nom de Cadrans logarithmiques , et m'étant procuré un de ces instruments, je lus en tête de l'instruction qui les accompagne, une note, par laquelle il annonçait que dès le mois de prairial de l'an III, il avait exécuté le premier modèle de ces cadrans, d'après la demande que la commission des poids et mesures lui avait faite, d'un travail à ce sujet.

J'étais membre de cette commission, et la note de M. le Blond pouvant donner à penser que j'aurais pu profiter de son invention, je le priai, par une lettre, de vouloir bien me donner la déclaration ostensible, que s'il était vrai, comme l'opinion que j'avais de son honnêteté ne me permettait pas d'en douter, qu'il eût exécuté, dès le mois de prairial de l'an III, le premier modèle de ses cadrans, il l'était également qu'il ne l'avait point communiqué à la Commission dont j'étais membre, et conséquemment qu'il ne m'avait pas été possible de m'approprier son invention, et que le silence qu'il avait gardé depuis, n'avait pu me faire sortir de l'opinion dans laquelle j'avais été jusqu'à ce moment, qu'avant moi personne n'avait conçu, ou du moins exécuté, une idée semblable.

« Je n'attache pas, ajoutais-je, un bien grand prix à une idée aussi simple que celle d'avoir mis les échelles logarithmiques anglaises sous la forme de cadrans ; mais j'en mets un bien grand à n'être pas soupçonné d'une action que la délicatesse n'avouerait pas, et j'attends avec confiance que vous ne me refuserez pas une déclaration conforme à la vérité et à la justice. »

Voici la réponse que je reçus de M. le Blond, quelques jours après.

« Je vous devrais beaucoup d'excuses pour avoir différé de répondre à la lettre que vous m'avez fait l'honneur de m'écrire, si ce retard, commandé par mes occupations, avait apporté quelque délai à l'explication que vous paraissez désirer ; mais j'espère que le C. Dillon vous aura témoigné avec quel empressement je l'ai ramené au véritable sens de la note qui accompagne mes Cadrans logarithmiques.

» Je ne m'en suis pas tenu là, et dès le lendemain j'ai

placé dans l'offrande que je faisais au Lycée, les phrases suivantes :

» Tout en rappelant l'époque où j'exécutais le premier
» de ces cadrans, il est de ma délicatesse de déclarer
» en votre présence, que le cit. Gattey, qui a aussi pu-
» blié un Cadran logarithmique, n'a point eu connais-
» sance de mon travail ; ce n'est pas sans doute la pre-
» mière fois qu'une idée, que j'ose dire heureuse, serait
» venue à deux hommes animés du même zèle ; et celui-
» là démontrerait tout au plus la bizarrerie habituelle
» de ses conceptions, qui ne verrait que des imitateurs
» dans tous ceux avec lesquels il aurait eu le bonheur
» de se trouver dans la même carrière.

» Non, Cit., ajoutait M. le Blond, je ne l'ai pas même
» supposé possible. *Je n'ai point offert mon premier
» cadran à la Commission des poids et mesures ;* ce
» fut seulement la triple règle à coulisses que j'avais fait
» faire, pour essayer l'extension de celles anglaises, sur
» lesquelles la Commission m'avait demandé un travail ;
» ce fut, dis-je, seulement cette triple règle que j'appor-
» tai au C. Dillon, et c'était dans l'intimité de notre tra-
» vail que j'ajoutai (ce dont il ne se souvient pas, et
» dont par conséquent il n'a pu conserver de traces,
» encore moins les communiquer), l'idée que j'avais
» de convertir ces parallèles en circonférences concen-
» triques. »

M. le Blond veut bien ensuite m'expliquer les causes qui retardèrent l'exécution de ses cadrans, et revenant à l'objet de ma lettre, « Je n'entre, ajoute-t-il, dans des détails aussi minutieux , que pour vous donner la mesure de cette franchise et de cette loyauté , dont il est si flatteur pour moi de trouver dans votre lettre les expressions. Avant même de l'avoir reçue, j'avais dit à la Société des sciences, lettres et arts , en annonçant que mes cadrans étaient, quant à la conception, antérieurs à ceux qui paraissaient déjà : « Malheur à qui porterait « dans les sciences l'idée de contrefaçon ou d'imitation! « Ce qu'un homme a pensé, un autre a pu le penser ; « et celui qui n'aurait à se prévaloir en pareil cas que « de quelques dates, aurait bien mauvaise grâce à faire « entendre que c'est à lui qu'on a dérobé la première « idée. »

En effet, nous étant occupés l'un et l'autre du même objet, ayant eu également connaissance des règles anglaises, il n'est pas étonnant que la même idée nous soit également venue de les mettre sous la forme circulaire ; cette idée même est si simple , que lorsque je l'eus conçue, je fus surpris qu'elle n'eût pas été exécutée plus tôt. Cette réflexion que chacun peut faire, suffit pour nous mettre également, M. le Blond et moi, à l'abri du soupçon que l'un de nous deux ait pu ou voulu s'approprier l'invention de l'autre.

USAGES

DE L'ARITHMOGRAPHE.

PREMIÈRE PARTIE.

INTRODUCTION.

Jusqu'ici l'arithmétique instrumentale a été à peu près inconnue parmi nous : la discordance des mesures anciennes avec les monnaies, et l'irrégularité de leurs divisions, rendaient presque impraticable l'usage de tous les moyens mécaniques de calcul. L'emploi de ces moyens pourra être désormais compté parmi les avantages qui doivent résulter de l'uniformité des mesures, de l'harmonie établie entre elles et les monnaies, et de l'application du calcul décimal à tout le système (1).

Il a été imaginé divers instruments pour faire mécaniquement les opérations du calcul, et parmi ces instruments le compas de proportions mérite une place distinguée ; mais les plus ingénieux et les plus commodes de tous, ce sont sans doute les échelles logarithmiques (2).

Cet instrument consiste en deux règles, sur lesquelles sont tracées des divisions logarithmiques, et qui, glissant parallèlement l'une contre l'autre de manière que les divisions de l'une peuvent se porter successivement sur les divisions de l'autre, donnent ainsi le moyen de connaître, par la seule inspection de la coïncidence des traits de chaque échelle, les résultats plus ou moins approchés de calculs, qu'on ne pourrait faire avec la plume sans y employer beaucoup de chiffres et de temps.

L'utilité des logarithmes est., comme l'on sait, de transformer la multiplication en une simple addition, et la division en soustraction : si l'on ajoute ensemble le logarithme d'un nombre et le logarithme d'un autre nombre, le total de l'addition est le logarithme d'un troisième nombre, qui lui-même est le produit de la multiplication du premier par le second. Si au contraire on soustrait du logarithme d'un nombre donné le logarithme d'un autre nombre, le reste de la soustraction est le logarithme d'un troisième nombre, qui serait le quotient de la division du premier par le second.

On conçoit que si deux règles, A. et B. fig. 1re., portant des divisions égales et semblables, et glissant l'une contre l'autre, sont disposées de manière que le commencement d'une de ces règles soit placée, par exemple, sur la quatrième division de l'autre, la septième division de la première correspondra à la onzième de la seconde, et donnera ainsi 11 pour total de l'addition des nombres 4 et 7.

Si les divisions de ces deux règles, au lieu d'être égales sont faites dans la proportion des logarithmes des nombres, la même opération qui, dans le premier cas, aurait donné le total d'une addition, donnera donc dans le second le produit d'une multiplication, puisque *le logarithme d'un nombre étant ajouté au logarithme d'un autre nombre, le total est le logarithme du produit de la multiplication de ces deux nombres.*

C'est sur ces principes qu'est fondée la construction des échelles logarithmiques. Le résultat des opérations que l'on peut faire avec cet instrument, est d'autant plus exact que les règles sont plus longues et portent un plus grand nombre de sous-divisions; mais alors elles deviennent embarrassantes. On est donc forcé de sacrifier quelque chose de l'exactitude, afin de les réduire à un volume sous lequel elles puissent être faciles à manier.

J'en ai vu qui ont environ trois décimètres de longueur, et c'est la plus grande proportion qu'on puisse leur donner, pour qu'elles ne cessent pas d'être commodes; les divisions y sont cependant tellement resserrées, qu'après le premier nombre elles ne peuvent pas descendre au-dessous des cinquièmes.

Un autre inconvénient attaché à la forme de cet instrument, c'est qu'on est obligé de tracer sur chaque règle deux échelles à la suite l'une de l'autre; et la longueur de l'instrument se trouve ainsi doublée sans qu'il en résulte un plus grand nombre de sous-divisions, ni conséquemment plus d'exactitude.

J'ai senti combien il serait avantageux de donner à l'instrument dont il s'agit, une forme qui fût exempte de ce défaut, et il n'y en avait pas de plus convenable que la circulaire, au moyen de laquelle la même échelle se servant à elle-même de complément, je me suis trouvé dispensé de la doubler, et j'ai pu profiter de l'espace que procure le développement d'un cercle pour donner, quoique sous un petit volume, plus d'étendue à mes divisions, et obtenir conséquemment une plus grande exactitude dans les résultats.

J'ai ainsi réussi à construire l'instrument que j'avais d'abord publié sous le nom de *Cadran logarithmique*, et que j'offre de nouveau aujourd'hui au public sous celui d'Arithmographe.

Cet instrument est composé de deux cadrans concentriques, fig. 2 et 3, qui tournent l'un dans l'autre, et sur chacun desquels sont tracées les divisions logarithmiques des nombres depuis 1 jusqu'à 10. Chaque cadran est en conséquence divisé en neuf parties, qui ne sont point égales entre elles, mais qui vont en décroissant, suivant la proportion convenable, et sont marquées des chiffres 1, 2, 3, 4, 5, 6, 7, 8 et 9.

Chacune de ces parties, que je désigne sous le nom de divisions principales, est divisée en dix autres, que j'appelle divisions intermédiaires, et celles-ci encore en dix, qui sont effectives dans l'intervalle compris depuis 1 jusqu'à 3, mais supposées seulement, et doivent être appréciées à l'œil dans les autres intervalles, où l'espace n'a permis de les marquer que de 5 en 5.

Les traits qui marquent les divisions principales sont plus longs que tous les autres ; ceux des divisions intermédiaires sont plus longs aussi que les traits qui marquent les sous-divisions ; les demi sont distingués par un point qui les termine.

Le cadran intérieur porte au point marqué du chiffre 1, une flèche qui sert d'index, et qu'on peut placer sur tous les points du cadran extérieur, au moyen de deux petits boutons plantés dans le cadran intérieur, et qui servent à le faire mouvoir.

Avant de donner l'explication des divers usages auxquels on peut appliquer l'Arithmographe, il convient de placer ici quelques notions préliminaires qui sont indispensables.

NOTIONS PRÉLIMINAIRES.

PERSONNE n'ignore que les chiffres ou caractères qui servent à la numération, ont deux sortes de valeur, l'une qui est absolue, et l'autre qui est relative à la place qu'ils occupent respectivement les uns aux autres.

Chaque chiffre isolé exprime des unités d'une certaine espèce : posé à la première place à gauche d'un autre chiffre, il exprime des dixaines de cette même espèce d'unités ; à la seconde, des centaines ; à la troisième, des mille, etc. ; posé à la première place à droite, il exprime des dixièmes ; à la seconde, des centièmes ; à la troisième, des millièmes, etc.

Ainsi, par exemple, le chiffre 7 posé seul, exprime sept unités d'une espèce quelconque ; posé à la première place à gauche d'un autre chiffre ou d'un zéro qui en marque la place, il exprimera sept dixaines de ces mêmes unités ; à la seconde, sept centaines ;

à la troisième, sept mille, etc. ; posé à la première place à droite,
il exprime sept dixièmes ; à la seconde, sept centièmes ; à la troisième, sept millièmes, etc.

Pour connaître la valeur d'une suite de chiffres, il faut donc
avant tout connaître la place des unités.

On est dans l'usage de marquer la place des unités, par un point
placé à la droite du chiffre qui les exprime, et ce point s'appelle
point décimal, ou *point fractionnaire*, parce qu'il sert à séparer
les fractions des entiers, et les chiffres qui sont à sa droite, s'ap-
pellent *chiffres décimaux*, *fractions décimales*, ou simplement
décimales.

La place des unités étant connue, on connaît donc aussi la valeur des chiffres qui sont à droite ou à gauche, d'après la règle que
nous avons expliquée plus haut ; ainsi, par exemple, dans cette
suite des chiffres : 4321.5678, le point placé à la droite du chiffre
1, indiquant que la place qu'occupe ce chiffre est celle des unités,
il s'ensuit que le chiffre 2, qui est à la première place à gauche,
exprime des dixaines de la même espèce d'unités, que le chiffre 3
exprime des centaines, le chiffre 4 des mille, et en rétrogradant,
que le chiffre 5, qui est à la première place à droite, exprime des
dixièmes de la même espèce d'unités, le chiffre 6 des centièmes,
le 7 des millièmes, et le 8 des dix-millièmes.

Puisque la valeur relative des chiffres dépend de la place qu'ils
occupent par rapport à celle des unités, il s'ensuit que l'on peut
facilement rendre un nombre donné dix fois, cent fois, mille
fois, etc. plus grand ou plus petit, par une opération très simple,
qui consiste à éloigner la place des unités, soit à droite, soit à
gauche, d'une, deux, trois ou quatre places, etc., en transposant
le point décimal d'autant de places qu'il est nécessaire. C'est ce
qu'on appelle la multiplication et la division par dix, par cent,
par mille, etc.

Soit par exemple ce nombre 5. 89

Multiplié par 10, il deviendra 58. 9

— par 100 . . . .   589.

— par 1000. . . . .   5890.

— par 10000 . . . . 58900.

Et ainsi de suite.

Le même nombre 5. 89

Divisé par 10, deviendra 0. 589

— par 100 . . . .   0. 0589

— par 1000. . . . .   0. 00589

— par 10000 . . . .   0. 000589

Et ainsi de suite.

Ces transformations des nombres étant d'une nécessité fréquente dans l'usage de l'Arithmographe, nous invitons nos lecteurs à se les rendre familières.

Un des avantages de l'arithmétique décimale, c'est que lorsqu'un nombre contient plusieurs décimales, on peut supprimer une ou plusieurs de ces décimales, sans altérer la valeur du nombre d'une quantité notable, du moins dans les cas où l'on n'a pas besoin d'une exactitude rigoureuse. Ainsi, par exemple, dans ce nombre, 8.5432, on peut sans inconvénient supprimer les deux derniers chiffres décimaux 3 et 2, qui n'expriment que 32 dix millièmes de l'unité principale, quantité si petite qu'on peut la négliger sans inconvénient.

Mais il faut observer que lorsque le premier des chiffres décimaux que l'on veut ainsi supprimer, est plus grand que 5, ou un 5 suivi d'autres chiffres, comme alors sa valeur est de plus de moitié d'une des unités qu'exprime le chiffre précédent, pour que l'erreur qui résulte de cette suppression soit la moindre possible, il est à propos d'augmenter d'une unité le chiffre précédent. Ainsi, par exemple, si dans ce nombre 67.374 on veut supprimer les deux chiffres décimaux 74; comme le premier 7 est plus grand que 5 , on augmentera d'une unité le chiffre précédent 3 , et l'on aura ce nouveau nombre 67.4.

De même dans ce nombre 543.548, si l'on veut supprimer tous les chiffres décimaux, comme le premier est un 5 suivi d'autres chiffres , et que cette fraction vaut par conséquent plus de la moitié d'une des unités qu'exprime le chiffre 3 , on augmentera ce dernier chiffre d'une unité, et l'on aura ce nouveau nombre 544.

Puisque la valeur des chiffres dépend de la place qu'ils occupent relativement à l'unité, il s'ensuit qu'il n'y a aucun des chiffres qui composent un nombre, soit entier, soit fractionnaire, qui ne puisse à son tour être considéré comme exprimant des unités de l'ordre qui lui est propre, unités dont les autres chiffres sont des dixaines, des centaines , des mille, etc.; des dixièmes, des centièmes, des millièmes , etc.

Etant donné, par exemple, ce nombre : 8345.762 , rien n'empêche qu'on ne le transforme à volonté en ceux-ci :

Dixaines	834.5762	*Dixièmes*	83457.62
Centaines	83.45762	*Centièmes*	834576.2
Mille	8.345762	*Millièmes*	8345762.

Il suit de-là qu'un nombre quel qu'il soit, peut être transformé en un autre dont les unités seront toujours de l'ordre de celles qu'exprime le premier chiffre.

Soit, par exemple, ce nombre : 5364 , on le convertira fort bien en celui-ci : *Unités de mille* 5.364.

On convertira pareillement le nombre 0.0497 en celui-ci : *Centièmes* 4.97.

Il est bien important de remarquer que la valeur des nombres n'est en rien altérée par ces conversions qu'il n'est pas au surplus nécessaire de faire effectivement , mais dont nous avons dû indiquer la possibilité pour faciliter l'intelligence de notre instrument.

Nous avons vu que lorsqu'un nombre contient des décimales, on peut, sans inconvénient, supprimer un ou plusieurs des derniers chiffres décimaux, puisque tous les nombres peuvent être convertis en d'autres, dont le premier chiffre exprime des unités de l'ordre qui leur est propre, et dont les autres chiffres sont des décimales.

Il s'ensuit que lorsqu'un nombre contient beaucoup de chiffres, on peut supprimer un ou plusieurs des derniers chiffres, sans crainte d'altérer ce nombre d'une manière notable, dans tous les cas du moins où il ne s'agit pas d'opérations qui exigent une exactitude rigoureuse, et ce sont les plus ordinaires.

Soit, par exemple, le nombre 25734, on le convertira fort bien en celui-ci : *Dixaines de mille* 2.5734, et en supprimant le dernier chiffre, en celui-ci : 2.573. Soit cet autre nombre 6285900, on pourra le convertir d'abord en celui-ci : *Millions* 6.285900 ; et en supprimant les quatre derniers chiffres, en celui-ci : *Millions* : 6.29

L'altération que ces nombres auront éprouvée par cette suppression, sera en moins sur le premier d'environ 1/6400, et en plus sur le second d'environ 1/1065, quantités si modiques, qu'elles peuvent être négligées sans inconvénient (3).

Il n'y a donc aucun nombre qui ne puisse être approprié à l'Arithmographe, dont les principales divisions, qui sont celles marquées par des chiffres, peuvent toujours être considérées comme ayant la valeur des unités qu'exprime le premier chiffre du nombre donné, unités dont les divisions intermédiaires sont des dixièmes, et les sous-divisions des centièmes. Ces sous-divisions elles-mêmes peuvent encore se partager en dix, dans l'espace compris depuis 1 jusqu'à 3, en sorte que l'on peut apprécier jusqu'aux millièmes.

La manière de compter les divisions de notre instrument est au surplus la même que pour toutes les échelles décimales.

Supposons, par exemple, que l'on veuille placer la flèche sur le nombre 26700.

On observera d'abord que ce nombre peut être converti eu celui-ci : *Dixaines de mille* 2.6700, et par la suppression des deux derniers chiffres, en celui-ci : *Dixaines de mille* 2.67.

Le premier chiffre de ce nombre étant un 2, on remarquera que le nombre doit se trouver dans l'espace compris entre le trait principal, marqué du chiffre 2, et celui marqué du chiffre 3.

Le second chiffre étant un 6, on amènera la flèche jusque sur le sixième trait des divisions intermédiaires, entre le chiffre 2 et le chiffre 3.

Le troisième chiffre étant un 7, on fera encore avancer la flèche jusque sur le septième des traits qui marquent les sous-divisions, après le sixième des divisions intermédiaires et le nombre marqué par la flèche, comme on le voit fig. 2, sera le nombre 2.67. Donnant alors au premier chiffre la valeur de dixaines de mille, ce nombre sera, *dixaines de mille* : 2.67 ou 26700.

Soit cet autre nombre, 0.485 ou *dixièmes* 4.85, sur lequel on veut placer l'index.

Le premier chiffre de ce nombre étant un 4, il se trouvera nécessairement entre les traits marqués des chiffres 4 et 5, et comme le second chiffre est un 8, on amènera la flèche jusque sur le huitième des traits intermédiaires suivants. Enfin le troisième chiffre étant un 5, on fera encore avancer l'index jusque sur le trait qui marque la moitié de la division suivante ou 5 centièmes.

L'index placé alors comme on le voit fig. 3, indiquera le nombre 4.85; mais le premier chiffre de ce nombre exprime des unités de dixième, la flèche marquera donc le nombre, ou pour mieux dire, la fraction 0.485.

Si au lieu d'un 5, le troisième chiffre était un 4, on conçoit qu'il ne faudrait pas porter la flèche jusque sur le trait où elle est fixée;

mais seulement à 4 dixièmes de l'espace qui est entre le huitième et le neuvième trait. Si ce même troisième chiffre était un 8, il faudrait porter la flèche plus loin que le trait qui marque la moitié ou 5 centièmes, c'est-à-dire, à 8 dixièmes du même espace.

La place n'ayant pas permis de marquer ces dernières divisions au-delà du chiffre 3, on les évaluera à l'œil, et un peu de pratique rendra cette évaluation très facile.

On déterminera de même très facilement la place de toutes sortes de nombres pour d'autres points, soit du cadran intérieur, soit du cadran extérieur, autres que ceux où devra être placé l'index.

Nous allons maintenant passer à l'explication des usages de l'Arithmographe.

De la Multiplication.

Lorsqu'on veut multiplier un nombre par un autre, il faut commencer par examiner de combien de chiffres entiers est composé le multiplicateur, c'est-à-dire, s'il en contient plusieurs, ou s'il n'en contient point du tout, comme il arriverait dans le cas où ce multiplicateur serait une fraction décimale. On le réduira ensuite à un seul chiffre d'entiers, en le multipliant ou le divisant, selon qu'il sera nécessaire, par 10, 100, 1000, etc.

Cette opération faite sur le multiplicateur, on en fera une inverse sur le multiplicande; c'est-à-dire, que si l'on a divisé le multiplicateur, par exemple, par 100, on multipliera au contraire le multiplicande par le même nombre 100, et *vice versâ* (*).

(*) Cela est fondé sur ce que, si dans une multiplication on divise le multiplicateur par un nombre quelconque, et l'on multiplie au contraire le multiplicande par le même nombre ou *vice versâ*, le produit de la multiplication sera toujours le même. Il est bien indifférent, en effet, que l'on multiplie 100 par 20 ou 1000 par 2, le produit est toujours 2000, et l'on peut aussi bien multiplier 89 par 54, ou 890 par 5.4, ou 8.9 par 540, le produit sera toujours 4806.

On placera ensuite l'index sur le nombre du cadran extérieur, qui exprimera le multiplicande, et le nombre du même cadran extérieur qui se trouvera en coïncidence avec le multiplicateur pris dans le cadran intérieur, sera le produit de la multiplication.

Quelques exemples feront aisément comprendre ces opérations.

1er. *Exemple*. On propose de multiplier 2670 par 58.

Le multiplicateur 58 étant composé de deux chiffres d'entiers, nous le diviserons d'abord par 10, pour le réduire à un seul chiffre, et nous aurons 5.8 pour nouveau multiplicateur.

Nous ferons ensuite une opération inverse sur le multiplicande 2670, c'est-à-dire que nous le multiplierons par 10, et nous aurons 26700 pour nouveau multiplicande, que nous convertirons en celui-ci : *Dixaines de mille* 2.67.

Cela fait, nous placerons l'index sur le nombre 2.67, comme on le voit fig. 2; nous chercherons ensuite dans le cadran intérieur le multiplicateur 5.8, et nous verrons en même temps que le nombre du cadran extérieur correspondant est 155, produit auquel il s'agit de donner sa valeur.

A cet effet nous observerons que le premier chiffre 2 du multiplicande étant des dixaines de mille, le chiffre 2 du cadran extérieur exprime également des dixaines de mille; comptant donc vingt mille sur le 2, trente mille sur le 3, quarante mille sur le 4, cinquante mille sur le 5, et ainsi de suite jusqu'au chiffre 1, qui sera cent mille; nous continuerons à compter cent dix mille sur le premier trait des divisions intermédiaires; cent vingt mille sur le second; cent trente mille sur le troisième, et ainsi de suite jusqu'au cinquième, où nous compterons cent cinquante mille, ensuite cent cinquante-un mille sur la première des sous-divisions suivantes, et enfin cent cinquante-cinq mille sur la cinquième qui, correspondant au multiplicateur 5.8, sera le produit demandé, ci 155000.

Le produit véritable serait 154660. L'erreur en plus est de 340, quantité qui, sur un pareil nombre, est trop peu importante pour qu'on ne puisse pas la négliger sans inconvénient, à moins, comme nous l'avons dit, qu'on n'ait besoin d'une exactitude rigoureuse.

2ᵉ. *Exemple.* Soit le nombre 4850 à multiplier par 0.354.

Le multiplicateur ne contenant point de chiffres entiers, et son premier chiffre étant des dixièmes, vous le multiplierez par 10, et vous en ferez 3.54, réciproquement vous diviserez le multiplicande par 10, et vous en ferez 485, nombre que vous pourrez convertir en celui-ci : *Unités de centaines* 4.85.

Vous placerez ensuite l'index sur le nombre 4.85 du cadran extérieur, fig. 3, puis attribuant aux traits marqués par les chiffres une valeur de centaines, vous compterez 400 sur le 4, 500 sur le 5, et ainsi de suite jusqu'au chiffre 1, sur lequel vous compterez 1000. Vous compterez 1100 sur le premier trait suivant des divisions intermédiaires, 1200 sur le second, 1300 sur le troisième, 1400 sur le quatrième, 1500 sur le cinquième, 1600 sur le sixième, 1700 sur le septième, 1710 sur le premier trait des sous-divisions suivantes, et 1720 sur le second trait qui, se trouvant en coïncidence avec le nombre qui exprime le multiplicateur 3.54, sera le produit demandé.

Le produit donné par le calcul serait 1716.9; la différence est par conséquent de 3.1 en plus, quantité qui peut être négligée sans inconvénient.

3ᵉ. *Exemple.* Soit la fraction 0.75 à multiplier par 0.038.

Multipliez le multiplicateur 0.038 par 100, pour qu'il ait un chiffre d'entiers; vous en ferez 3.8.

Divisez réciproquement le multiplicande par 100, vous en ferez 0.0075, ou *unités de millièmes* 7.5.

Placez l'index sur le nombre 7.5 du cadran extérieur, puis donnant aux chiffres du cadran la valeur d'*unités de millièmes*, dites 8 millièmes sur le 8; 9 millièmes sur le 9; 1 centième sur le 1;

2 centièmes sur le 2 ; 25 millièmes sur le cinquième des traits intermédiaires suivants; 28 millièmes sur le huitième; 281 dix-millièmes sur la première des sous-divisions suivantes, et enfin 285 dix-millièmes sur la cinquième qui, correspondant au multiplicateur 3.8 pris dans le cadran intérieur, sera le produit demandé, c'est-à-dire , 0.0285.

Nous avons été obligés, pour faire mieux comprendre la marche des opérations que nous venons d'expliquer, d'entrer dans des détails d'après lesquels on pourrait croire qu'elles sont très longues ; la vérité est cependant qu'elles peuvent se faire très promptement, et en beaucoup moins de temps qu'il n'en faudrait pour faire les mêmes calculs avec la plume (4) ; c'est ce que l'on reconnaîtra facilement, lorsque l'on aura acquis un peu de facilité par la pratique.

Ces opérations néanmoins peuvent être encore beaucoup abrégées par la méthode que nous allons expliquer, et qui dispensera de transformer d'abord les nombres sur lesquels on voudra opérer et de compter ensuite les divisions du cadran, pour avoir la valeur du produit.

Règle d'abréviation pour la Multiplication.

Lorsque l'index est placé sur le nombre du cadran extérieur qui représente le multiplicande, le nombre du même cadran qui se trouve en correspondance avec le multiplicateur, pris à son tour dans le cadran intérieur, est le produit de la multiplication; mais la valeur de ce produit est inconnue, il s'agit de la déterminer. Nous avons indiqué le moyen d'y parvenir, en attribuant aux chiffres du cadran extérieur une valeur semblable à celle du premier chiffre du multiplicande; on y réussira également et plus promptement, en déterminant le nombre des chiffres dont le produit doit être composé par la règle suivante :

RÈGLE. Toutes les fois que le multiplicande et le multiplicateur contenant des nombres entiers, le produit ne se trouvera pas entre le point où sera placé l'index et le point 1 du cadran extérieur, le nombre des chiffres entiers, dont il devra être composé, sera égal au nombre des chiffres entiers du multiplicateur et du multiplicande pris ensemble.

Toutes les fois au contraire que le produit se trouvera dans ce même espace, il aura un chiffre de moins.

1er. *Exemple.* Soit le nombre 267 à multiplier par 46.

L'index étant placé sur le nombre 267 du cadran extérieur, comme on le voit fig. 2, vous observerez que le point du même cadran, auquel correspond le multiplicateur 46, pris dans le cadran intérieur, est la troisième des sous-divisions qui suivent le second trait intermédiaire après le chiffre 1, en sorte que ce produit est représenté par les chiffres 123, auxquels il s'agit de donner leur juste valeur. Vous remarquerez à cet effet que ce produit ne se trouve pas dans l'espace compris entre la flèche et le point 1 du cadran extérieur, en suivant l'ordre naturel des chiffres, d'où vous conclurez qu'il doit avoir autant de chiffres que le multiplicateur et le multiplicande pris ensemble; or, le premier a deux chiffres, et le second en a trois; le produit aura donc cinq chiffres, ajoutant en conséquence deux zéro aux chiffres trouvés 123, vous en ferez 12300; ce qui sera le produit cherché. Le produit véritable serait 12282, nombre qui ne diffère du précédent que d'environ 1/680.

2e. *Exemple.* Soit le nombre 2670 à multiplier par 23.

L'index étant placé sur le nombre 267 du cadran extérieur, comme on le voit dans la figure 2, vous trouverez que le nombre du même cadran, correspondant au multiplicateur 23, est 614, nombre auquel il s'agit de donner sa juste valeur. Pour cela, vous observerez que le produit indiqué se trouve dans l'espace compris entre le point marqué par la flèche et le point 1 , et par conséquent qu'il doit contenir un chiffre de moins que le multiplicande et le multiplicateur pris ensemble, c'est-à-dire cinq. Le produit cherché sera donc 61400. Il serait exactement 61410; l'erreur est de 1/6000 environ.

3ᵉ. *Exemple.* Soit le nombre 4.85 à multiplier par 2.62.

L'index étant placé sur le nombre 4.85 du cadran extérieur, fig. 3, le nombre correspondant au multiplicateur 2.62, sera 127, à quoi il faut donner sa juste valeur.

Vous observerez que ce produit ne se trouve pas entre le point où est fixé l'index et le point 1 , et par conséquent qu'il doit avoir autant de chiffres entiers que le multiplicande et le multiplicateur ensemble, c'est-à-dire deux. Ce produit sera donc 12.7 ; il serait exactement 12.707.

4ᵉ. *Exemple.* Soit le même nombre 4.85 à multiplier par 1.8.

L'index étant placé comme dans l'exemple précédent, vous observerez que le nombre correspondant à 1.8 est 873, mais ce nombre est compris entre le point où est fixé l'index et le point 1; le produit doit donc avoir un chiffre de moins que le multiplicateur et le multiplicande pris ensemble, c'est-à-dire un seul chiffre d'entier; il sera 8.73, ce qui est le produit exact.

Il peut arriver que le multiplicande et le multiplicateur ne contenant l'un ou l'autre, ou même tous les deux; que des chiffres décimaux, on se trouve embarrassé pour l'application de cette règle; avec un peu d'attention, on reconnaîtra que le principe est le même, et l'on peut au surplus en déduire cette autre règle :

Règle. Lorsque le multiplicateur et le multiplicande, ou l'un des deux, ne contiendront que des décimales, si le produit se trouve dans l'espace compris entre l'index et le point 1 , il aura autant de zéros avant les chiffres significatifs qu'il y en a dans le multiplicateur et le multiplicande ensemble ; s'il ne se trouve pas dans ce même espace, il aura un zéro de moins.

1er. *Exemple.* Soit le nombre 0.0485 à multiplier par 0.0015.

L'index étant placé sur le nombre 485 du cadran extérieur, fig. 3, vous remarquerez que le produit 727 se trouve entre l'index et le point 1. Pour lui donner sa juste valeur, il faut donc placer avant le premier chiffre significatif autant de zéro qu'il y en a dans le multiplicateur et le multiplicande pris ensemble, c'est-à-dire cinq. Ainsi le produit cherché sera 0.0000727. Il serait exactement 0.00007275.

2e. *Exemple.* Soit le même nombre 0.0485 à multiplier par 0.0032.

L'index étant placé comme dans l'exemple précédent, fig. 3, vous remarquerez que le produit 155 ne se trouve pas dans l'espace compris entre l'index et le chiffre 1, il doit donc avoir avant le premier chiffre significatif autant de zéro, moins un, qu'il y en a dans le multiplicande et le multiplicateur, et par conséquent quatre. Le produit cherché sera donc 0.00015S.

3e. *Exemple.* Soit le nombre 2.67 à multiplier par 0.036.

L'index étant placé comme on le voit fig. 2, on remarquera que le produit indiqué 96, se trouve entre l'index et le point 1 du cadran extérieur, il aura donc avant le premier chiffre significatif autant de zéro qu'il y en a dans le multiplicande et le multiplicateur, c'est-à-dire deux ; ce produit sera donc 0.096.

4e. *Exemple.* Soit encore le même nombre 2.67 à multiplier par 0.0054.

Le produit indiqué 144, fig. *idem*, n'étant point dans l'espace -compris entre l'index et le point 1, aura un zéro de moins que le multiplicateur et le multiplicande ; il sera par conséquent 0.0144.

On voit par ces exemples que la règle à observer est pour les

zéro des fractions décimales l'inverse de celle que l'on doit suivre
pour les chiffres entiers (5).

De la Division.

LA division est comme l'on sait une opération inverse de la multiplication. Si pour multiplier 267 par 58, nous avons placé la
flèche sur le nombre 267 du cadran extérieur, et pris pour produit
le nombre 155000 du même cadran correspondant à 58 ; pris à son
tour dans le cadran intérieur, réciproquement, ayant à diviser
155000 par 58, si nous plaçons le nombre 58 du cadran intérieur
sous le nombre 155000 du cadran extérieur, nous trouverons pour
quotient le nombre indiqué par la flèche 267. Voyez fig. 2.

Mais pour parvenir à connaître la valeur du produit d'une multiplication, il y a quelques opérations préliminaires à faire sur le
multiplicande et le multiplicateur ; pour apprécier le quotient d'une
division, il y a pareillement quelques opérations préliminaires à
faire sur le dividende et sur le diviseur.

Lorsqu'il s'agit de faire une multiplication, il faut commencer
par réduire le multiplicateur à un nombre d'un seul chiffre d'entiers, en le multipliant ou le divisant par 10, par 100, par 1000, etc.
selon qu'il est nécessaire ; et il faut faire sur le multiplicande une
opération inverse. Pour la division, il faut également réduire le diviseur à un nombre qui n'ait qu'un seul chiffre d'entiers, en le divisant
ou le multipliant par 10, par 100, par 1000, etc. ; mais au lieu de
faire sur le dividende une opération inverse, il faut faire sur lui
une opération semblable, c'est-à-dire que si l'on a divisé, par exemple, le diviseur par 100, on divisera pareillement le dividende par
100 (*).

____

(*) Ceci est fondé sur ce principe, que si l'on divise ou si l'on multiplie également

Nous avons dit que pour avoir le produit d'une multiplication, l'index étant placé sur le multiplicande, il fallait attribuer aux chiffres du cadran extérieur, la valeur des unités de l'ordre de celles qu'exprime le premier chiffre du multiplicande, et compter ensuite les divisions selon l'ordre naturel des chiffres, jusqu'à ce qu'on fût parvenu au point correspondant au multiplicateur.

Pour trouver le quotient d'une division, le diviseur pris dans le cadran intérieur étant placé sous le dividende pris dans le cadran extérieur, il faut de même attribuer aux chiffres du cadran extérieur, une valeur égale à celle des unités qu'exprime le premier chiffre du dividende; mais au lieu de compter les divisions suivant l'ordre naturel des chiffres, on les comptera selon l'ordre rétrograde jusqu'à ce qu'on soit parvenu au point marqué par l'index qui sera le quotient.

C'est au surplus ce que l'on comprendra mieux par des exemples.

1er. *Exemple.* On propose de diviser 933 par 35.

Divisez le diviseur 35 par 10, pour le réduire à un nombre d'un seul chiffre d'entiers, qui sera 3.5.

Divisez pareillement le dividende 933 par 10, ce qui en fera 93.3, ou *unités de dixaines* 9.33.

Placez le diviseur 3.5, pris dans le cadran intérieur, sous le dividende 9.33, pris dans le cadran extérieur, comme on le voit figure 2.

Attribuez aux chiffres du cadran extérieur la valeur d'*unités de dixaines*, puis comptez, en suivant l'ordre rétrograde, 9 dixaines ou 90 sur le 9, 80 sur le 8, 70 sur le 7, et ainsi de suite, jusqu'à ce que vous soyez parvenu au nombre marqué par la flèche, qui sera 26.7, et ce nombre sera le quotient cherché.

---

le diviseur et le dividende d'une division par un même nombre, le quotient de la division sera toujours le même. Divisez 2451 par 43, 245.1 par 4.3, ou 24510 par 430, vous aurez toujours pour quotient 57.

2ᵉ. *Exemple.* Soit le nombre 264 à diviser par 0.545.

Multipliez le diviseur 0.545 par 10 pour en faire un nombre qui contienne un chiffre d'entiers, 5.45.

Multipliez pareillement le dividende 264 par 10, ce qui en fera 2640, ou *unités de mille* 2.64.

Placez le nombre 5.45 du cadran intérieur sous le nombre 2.64 du cadran extérieur, comme on le voit fig. 3.

Attribuez aux chiffres du cadran extérieur une valeur d'unités de mille, puis comptez les divisions suivant l'ordre rétrograde, dites 2000 sur le 2 ; 1000 sur 1 ; 900 sur le 9 ; 800 sur le 8 ; et ainsi de suite, jusqu'à ce que vous soyez parvenu au nombre marqué par la flèche, qui sera 485, et ce nombre sera le quotient de la division proposée.

Règle d'abréviation pour la Division.

Nous avons indiqué un moyen pour apprécier le produit d'une multiplication, sans être obligé de transformer les nombres ni de compter les divisions, et simplement en déterminant le nombre des chiffres dont ce produit doit être composé. On suivra pour apprécier la valeur du quotient d'une division, une règle à peu près semblable, mais d'une application plus facile et généralement connue.

Règle. Si le premier chiffre du diviseur n'est pas contenu dans le premier chiffre du dividende, le nombre des chiffres du quotient sera égal, à la différence qu'il y a entre le nombre des chiffres du diviseur et celui des chiffres du dividende ; en sorte, par exemple, que si le dividende est composé de six chiffres et le diviseur l'est de deux, le quotient aura quatre chiffres.

Si le premier chiffre du diviseur est contenu dans le premier chiffre du dividende, le quotient aura un chiffre de plus que n'en donne la différence.

Ainsi, si le dividende contient sept chiffres et le diviseur quatre, le quotient en aura quatre.

1er. *Exemple.* Soit le nombre 61400 à diviser par 23.

Le nombre 23 du cadran intérieur étant placé sous le nombre 614 du cadran extérieur, comme on le voit fig. 2, l'index indi-quera pour quotient le nombre composé des chiffres 267, auxquels il s'agit de donner leur juste valeur.

Remarquez que le premier chiffre 2 du diviseur est contenu dans le premier chiffre 6 du dividende ; le nombre des chiffres du quotient sera donc égal, à la différence plus un; cette différence est trois, le nombre des chiffres du quotient sera donc de quatre, il sera 2670.

2e. *Exemple.* Soit le nombre 1550 à diviser par 58.

Le nombre 58 du cadran intérieur étant placé sous le nombre 1550 du cadran extérieur, fig. *id.*, la flèche indiquera pour quotient un nombre composé des chiffres 267, auxquels il s'agit de donner leur valeur.

Observez que le premier chiffre 5 du diviseur n'est point con-tenu dans le premier chiffre 1 du dividende, le nombre des chif-fres du quotient sera donc égal à la différence. Cette différence est de deux chiffres ; le quotient sera donc 26.7 (6).

De la règle de trois ou de proportion.

La règle de trois est, comme l'on sait, une opération d'arith-métique, par laquelle les trois premiers termes d'une proportion géométrique étant donnés, on cherche le quatrième terme.

Pour faire la règle de trois par les voies du calcul ordinaire, il faut multiplier le second terme par le troisième, et diviser ensuite le produit par le premier terme. Le quotient de cette division est le quatrième terme cherché.

On peut fort bien faire successivement ces opérations avec l'arithmographe ; mais on trouvera plus promptement le quatrième terme d'une proportion , en plaçant le premier terme pris dans le cadran intérieur, sous le second terme pris dans le cadran extérieur, et en cherchant sur celui-ci le nombre correspondant au troisième terme.

Supposons, par exemple, que l'on veuille avoir le quatrième terme de cette proportion : $3 : 8 :: 9 : x$.

Le nombre 3 du cadran intérieur étant placé sous le nombre 8 du cadran extérieur, comme on le voit fig. 2, on trouvera que le nombre du même cadran extérieur correspondant à 9 est 24, et ce sera le quatrième terme de la proportion.

Tant que les termes de la proportion seront des nombres simples, composés d'un seul chiffre ou d'un nombre égal de chiffres, l'opération n'offrira aucune difficulté ; mais lorsque les termes seront composés d'un nombre inégal de chiffres et même de nombres fractionnaires, elle sera moins facile, et l'on pourrait se trouver embarrassé pour établir la valeur du quatrième terme , si nous ne donnions pas ici les règles que l'on devra suivre pour y parvenir.

L'arithmétique nous enseigne que si l'on multiplie le premier et le troisième termes d'une proportion par un même nombre, le second et le quatrième termes resteront les mêmes ; que ces deux termes resteront encore les mêmes, si l'on divise le premier et le troisième par un même nombre.

Elle nous apprend encore que si le second terme d'une proportion est plus grand que le premier , le quatrième terme sera aussi plus grand que le troisième, et *vice versâ*.

C'est par l'application de ces deux règles que l'on parviendra

facilement à déterminer la valeur des chiffres qui doivent composer
le quatrième terme d'une proportion.

Il est clair, d'après ce qui vient d'être dit, que lorsque les deux
premiers termes d'une proportion sont des nombres dont le premier chiffre exprime des unités d'un ordre différent, on peut fort
bien réduire ces deux termes à des unités de la même espèce, en
multipliant ou en divisant, selon qu'il est nécessaire, le premier
terme par 10, par 100, par 1000, etc., pourvu qu'en même temps
on multiplie ou l'on divise pareillement le troisième terme par
le même nombre.

Alors on n'a plus qu'à examiner si le second terme est plus grand
ou plus petit que le premier, pour savoir si le quatrième doit aussi
être plus grand ou plus petit que le troisième.

Voici au surplus quelques exemples d'après lesquels on comprendra mieux ce que nous voulons dire.

1er. *Exemple.* Soit cette proportion : 75 : 200 :: 6 : x, dont il
s'agit de trouver le quatrième terme.

Placez le nombre 75 du cadran intérieur sous le nombre 2 du
cadran extérieur, comme on le voit fig. 2, vous trouverez que le
nombre du cadran extérieur correspondant à 6, pris dans le cadran
intérieur, est 1.6, quatrième terme auquel il s'agit de donner sa
juste valeur.

Pour cet effet, observez que le premier chiffre du premier terme
75 n'exprime que des unités de dixaines, tandis que le premier
chiffre du second terme exprime des centaines. En conséquence
vous multiplierez le premier terme par 10, pour qu'il soit composé
d'unités du même genre que celles du second; vous multiplierez
pareillement le troisième terme 6 par 10, et vous aurez cette nouvelle proportion : 750 : 200 :: 60 : x.

Remarquez que dans cette nouvelle proportion le second terme
est plus petit que le premier ; le quatrième terme sera donc aussi

plús petit que le troisième ; il ne sera donc pas 160, puisque ce nombre est plus grand que 60 ; mais bien 16, nombre composé comme le troisième terme de deux chiffres.

2ᵉ. *Exemple.* Soit cette autre proportion : 45 : 120 : : 130 : x.

Le premier terme 45 étant placé sous le second 120, comme dans la fig. 2, on trouvera que le nombre correspondant au troisième terme, est composé des chiffres 3, 4, 7, dont il s'agit de déterminer la valeur.

Nous multiplierons le premier terme 45 et le troisième 130 par 10, et nous aurons cette nouvelle proportion : 450 : 120 : : 1300 : x.

Or, comme dans cette nouvelle proportion le second terme est plus petit que le premier, il s'ensuit que le quatrième terme sera aussi plus petit que le troisième ; il ne sera donc pas 3470, puisqu'il serait trop grand ; il ne sera pas non plus 34.7, parce qu'alors il ne contiendrait que deux chiffres d'entiers, tandis que le troisième terme en contient quatre, il sera donc 347.

3ᵉ. *Exemple.* Soit la proportion 270 : 72 : : 35 : x, pour quatrième terme de laquelle l'instrument, disposé comme on le voit fig. 2, indique les chiffres 9, 3, 3, auxquels il s'agit de donner leur valeur.

Divisez le premier et le troisième terme par 10, vous aurez cette nouvelle proportion : 27 : 72 : : 3.5 : x.

Observez que dans cette nouvelle proportion, le second terme 72 est plus grand que le premier 27, et concluez de-là que le quatrième terme doit aussi être plus grand que le troisième 3.5.

Ce quatrième terme sera donc 9.33, il ne sera pas 0.933, puisqu'alors au lieu d'être plus grand que le troisième, il serait plus petit ; il ne sera pas non plus 93.3, parce qu'alors il contiendrait deux chiffres d'entiers, tandis que le troisième terme n'en contient qu'un.

4ᵉ. *Exemple.* Soit la proportion 45.28 : 1205 : : 2540 : x, pour quatrième terme de laquelle l'instrument, disposé comme on le voit fig. 2, indique les chiffres 6, 7, 8, auxquels on veut donner leur valeur.

Multipliez le premier et le troisième termes par 100, vous aurez cette nouvelle proportion : $4528 : 1205 :: 254000 : x$.

Observez que dans cette nouvelle proportion le second terme est plus petit que le premier, d'où il suit que le quatrième sera aussi plus petit que le troisième. Il ne sera donc pas 678000, nombre composé d'autant de chiffres que le troisième terme, parce qu'il serait plus grand ; mais il aura un chiffre de moins, et sera 67800.

5e. *Exemple.* Soit cette proportion : $6.64 : 3225 :: 0.844 : x$, pour quatrième terme de laquelle l'instrument disposé comme on le voit fig. 3, indique les chiffres 4, 1.

Multipliez le premier et le troisième termes par 1000, et vous aurez cette nouvelle proportion : $6640 : 3225 :: 844 : x$.

Or, comme dans cette nouvelle proportion le second terme est plus petit que le premier, il s'ensuit que le quatrième sera aussi plus petit que le troisième, il ne sera pas 41, puisqu'il n'aurait que deux chiffres, tandis que le troisième en a trois ; il sera donc 410.

6e. *Exemple.* Soit cette autre proportion : $3540 : 17.2 :: 2.24 : x$, pour quatrième terme de laquelle l'instrument, disposé comme on le voit fig. 3, indique les chiffres 1, 0, 8, 9.

Divisez le premier et le troisième termes par 100, vous aurez cette nouvelle proportion : $35.4 : 17.2 :: 0.0224 : x$, dont le quatrième terme, plus petit que le troisième, sera 0.01089.

7e. *Exemple.* Soit la proportion $48.4 : 23500 :: 0.073 : x$, pour quatrième terme de laquelle l'instrument, fig. 3, indique les chiffres 3, 5, 5.

Multipliez le premier et le troisième termes par 1000, vous aurez cette nouvelle proportion : $48400 : 23500 :: 73 : x$, et comme le second terme de cette nouvelle proportion est plus petit que le premier, le quatrième, plus petit aussi que le troisième, sera 35.5.

8°. *Exemple.* Soit la proportion 83000 : 0.403 :: 2.54 : x, pour quatrième terme de laquelle l'arithmographe, disposé comme dans la fig. 3, indique les chiffres 1, 2, 3, 5.

Divisez le premier et le troisième termes par 100000, vous aurez cette nouvelle proportion : 0.83 : 0.403 :: 0.0000254 : x.

Le second terme de cette nouvelle proportion étant plus petit que le premier, le quatrième sera donc aussi plus petit que le troisième, il sera 0.00001235.

Toutes les opérations de l'arithmétique, autres que l'addition et la soustraction, se réduisent, comme l'on sait, à la Règle de trois ou de proportion, que par cette raison on nomme aussi la Règle d'or, à cause de son excellence. La multiplication peut en effet être considérée comme une Règle de trois ou de proportion, dont l'unité est le premier terme, le multiplicande le second terme, le multiplicateur le troisième terme, et le produit le quatrième terme.

Supposons qu'il soit question de multiplier 6 par 3; cette opération sera très bien représentée par cette proportion : 1 : 6 :: 3 : x, pour quatrième terme de laquelle on trouvera 18, qui sera en même temps le produit de la multiplication.

Mais comme le multiplicateur et le multiplicande peuvent être pris indifféremment l'un à la place de l'autre, il s'ensuit que lorsqu'on a plusieurs nombres à multiplier par le même, en prenant au contraire celui-ci pour multiplicande, on trouvera à l'aide de notre instrument et par une seule opération, tous les produits demandés.

Soient, par exemple, les nombres 8, 19, 25 et 240 à multiplier par 2.67, ce sera absolument la même chose que si l'on avait le nombre 2.67 à multiplier par les nombres 8, 19, 25 et 240.

3..

L'index étant placé sur le nombre 2.67, comme on le voit fig. 2, on aura successivement pour produits les nombres correspondants à 8, 19, 25 et 240, qui sont 21.35; 50.6; 667; 6400. Vous trouverez en effet marquées par la disposition des cadrans les proportions suivantes :

$$1 : 2.67 :: \begin{cases} 8 : & 21.35 \\ 19 : & 50.6 \\ 25 : & 667. \\ 240 : & 6400. \end{cases}$$

La division qui est une opération inverse de la multiplication, se réduit, comme elle, à une proportion dont le diviseur est le premier terme, le dividende le second terme, l'unité le troisième, et le quotient le quatrième terme.

Ainsi la division de 18 par 3, peut fort bien être réduite à cette proportion : 3 : 18 :: 1 : x, dont le quatrième terme 6 sera le quotient de la division.

Il suit de-là que si l'on veut avoir, au moyen de l'instrument, le quotient d'une division plusieurs fois répété, au lieu de prendre le nombre marqué par l'index, on n'a qu'à prendre celui auquel correspond le nombre de fois demandé.

Soit, par exemple, le nombre 427, dont on veut avoir, 1°. les 3/16, 2°. les 6/16, 3°. les 7/16.

Placez le dénominateur 16 de ces fractions sous le dividende 427 pris dans le cadran extérieur, comme on le voit fig. 3, et au lieu de prendre pour quotient le nombre marqué par l'index, prenez successivement ceux qui correspondent aux numérateurs des fractions, savoir: 80, 160, 187.

La disposition des cadrans donnera en effet ces proportions :

$$16 : 427 :: \begin{cases} 3 : & 80. \\ 6 : & 160. \\ 7 : & 187. \end{cases}$$

et vous aurez ainsi par une seule opération des résultats que vous
n'auriez obtenus par les voies ordinaires du calcul, que par des
opérations multipliées.

Un calcul exact donnerait quelques différences ; mais elles ne
sont d'aucune importance.

De la Quadrature et de l'extraction des Racines carrées.

Multiplier un nombre par lui-même, c'est en faire le carré,
et cette opération s'appelle quadrature.

Ces opérations qui sont très simples, se font facilement et
promptement au moyen de l'arithmographe, puisqu'elles ne dif-
fèrent en rien de la multiplication, dont nous avons expliqué les
procédés.

Soit, par exemple, le nombre 485 dont on veut avoir le carré.

L'index étant placé sur le nombre 485 du cadran extérieur,
vous trouverez que le nombre du même cadran correspondant à
485, pris dans le cadran intérieur, est composé des chiffres 2, 3, 5, 5 ;
observant ensuite que ce produit ne se trouve pas dans l'espace
compris entre le point où est placé l'index et le point 1, vous en
conclurez que le produit doit avoir autant de chiffres que le multiplicateur et le multiplicande ensemble, c'est-à-dire 6 ; le carré
de 485 sera donc 235500. Il serait exactement 235225.

Si la formation d'un carré est une opération simple et facile,
l'extraction des racines carrées ne l'est pas également. Il s'agit dans
cette opération de trouver un nombre qui, multiplié par lui-même,
donne pour produit le nombre dont on cherche la racine ; cette
opération qui, par les voies ordinaires du calcul, est assez longue
et difficile, devient infiniment simple a l'aide de l'arithmographe.

Pour extraire, par le moyen de cet instrument, la racine carrée d'un nombre, il faut placer la flèche sur un nombre du cadran extérieur qui, pris à son tour dans le cadran intérieur, se trouve en correspondance avec le nombre donné.

On conçoit bien que l'on ne peut parvenir à trouver le nombre juste qui doit exprimer la racine demandée, que par quelque tâtonnement ; mais ce tâtonnement deviendra bien facile si l'on observe les règles suivantes :

Les carrés des nombres simples depuis 1 jusqu'à 10 sont comme l'on sait :

Nombres   1. 2. 3. 4.   5.   6.   7.   8.   9.   10.
Carrés   1. 4. 9. 16. 25. 36. 49. 64. 81. 100.

Lorsqu'on voudra extraire la racine carrée d'un nombre plus grand que 1, et plus petit que 4, il est évident qu'on la trouvera dans la partie du cadran comprise entre 1 et 2. Si l'on veut avoir la racine d'un nombre plus grand que 16, dont la racine est 4, et plus petit que 25, dont la racine est 5, on la trouvera entre 4 et 5, et ainsi des autres. En sorte, par exemple, que si l'on veut avoir la racine carrée de 58, qui est plus grand que 49, dont la racine est 7, et plus petit que 64, dont la racine est 8, il faudra la chercher entre 7 et 8. On placera l'index sur un point du cadran extérieur entre 7 et 8, soit sur 7. 5, et l'on verra que le nombre auquel correspond 7. 5, pris à son tour dans le cadran intérieur, est 56. 3, plus petit que le nombre donné 58, d'où il suit que la racine cherchée est plus grande que 7.5. On fera donc avancer l'index, soit jusque sur 7.7, alors le nombre 77, pris dans le cadran intérieur, se trouvera correspondre à 59. 3 ; la racine cherchée, plus grande que 7.5 et plus petite que 7.7, sera donc entre ces deux nombres. On fera rétrograder l'index jusque sur 7.61, et l'on trouvera que le nombre auquel 7.61 correspond à son tour est 58, nombre donné. La racine cherchée sera donc 7.61. Elle serait plus exactement 7.615.

Ces opérations seront faciles tant que les nombres dont on voudra extraire la racine carrée ne seront pas composés de plus de deux chiffres ; elles ne le seront pas moins quand même le nombre donné contiendrait beaucoup de chiffres.

On commencera par partager le nombre donné en tranches de deux chiffres , en allant de droite à gauche , à partir de la place des unités ; le nombre des tranches indiquera de combien de chiffres devra être composée la racine, et le chiffre, ou les chiffres qui formeront la première tranche, en allant de gauche à droite , feront connaître dans quelle partie du cadran on doit chercher la racine demandée, suivant les procédés que nous venons d'expliquer tout à l'heure.

1er. *Exemple.* Soit le nombre 71300 dont on demande la racine carrée.

Partagez ce nombre en tranches de deux chiffres, vous aurez 7 | 13 | oo , nombre qui sera formé de trois tranches, et vous verrez par-là que la racine doit avoir trois chiffres. Vous observerez ensuite que le chiffre de la première tranche est 7. Or, ce nombre 7 plus grand que 4 dont la racine est 2, et plus petit que 9 dont la racine est 3, doit avoir par conséquent sa racine entre 2 et 3 ; elle sera plus près de 3 que de 2 , puisque 7 est plus près de 9 que de 4.

Vous placerez l'index sur un point du cadran extérieur entre 2 et 3 , soit par exemple sur 2.7 , et observant que le même nombre 2.7 , pris dans le cadran intérieur, correspond à près de 7.3, vous reconnaîtrez que 2.7 est trop grand. Vous ramènerez donc l'index, par exemple, sur 2.6 qui, pris à son tour dans le cadran intérieur, correspondra à environ 68, et sera par conséquent trop petit ; mais vous aurez la certitude que la racine cherchée est entre

2.6 et 2.7. En continuant ces essais, vous resserrerez toujours de plus en plus l'espace dans lequel devra se trouver la racine, jusqu'à ce qu'enfin l'index étant placé sur le nombre 2.67 , voy. fig. 2 , vous reconnaissiez que le même nombre pris dans le cadran inté-rieur correspond au nombre donné 713; après quoi vous donnerez la juste valeur à ce nombre trouvé 2.67, en le réduisant à trois chiffres , et la racine demandée sera 267.

2ᵉ. *Exemple.* Soit le nombre 2358oooo dont on demande la racine carrée.

Ce nombre étant partagé en tranches de deux chiffres , savoir : 23 | 58 | oo | oo , vous verrez d'abord que le nombre 23 de la pre-mière tranche, plus petit que 25 dont la racine est 5 , et plus grand que 16 dont la racine est 4, doit avoir sa racine entre 4 et 5, mais plus près de 5 que de 4, parce que 23 diffère beaucoup moins de 25 que de 16.

Ayant donc placé l'index sur un point peu éloigné de 5 , par exemple sur 4.9, vous observerez que le nombre correspondant à 4.9, pris à son tour dans le cadran intérieur, est 2.4, plus grand que 2.3, d'où il suit que la racine cherchée doit être plus petite que 4.9, vous ramènerez la flèche sur 4.8, et le même nombre 4.8 pris dans le cadran intérieur correspondant à 23 , nombre plus petit que 2358 , vous verrez que la racine demandée, plus pe-tite que 4.9 et plus grande que 4.8, doit être entre ces deux nombres.

Ayant placé la flèche sur 4.85 , comme on le voit fig. 3 , vous verrez que le même nombre 4.85 , pris dans le cadran intérieur, correspond au nombre donné 2358. Pour donner à cette racine sa valeur, vous remarquerez que le nombre donné ayant été divisé en quatre tranches , la racine doit avoir quatre chiffres, elle sera donc 485o.

Lorsque le nombre donné sera un nombre fractionnaire, pour

le diviser en tranches de deux chiffres, on partira toujours de la place des unités, sans faire attention aux fractions.

Ainsi, par exemple, si l'on voulait avoir la racine carrée de ce nombre : 712.875, on le divisera en tranches de deux chiffres à partir du point décimal, et l'on aura 7|12.|875, dont la racine carrée, composée de deux chiffres entiers, sera 26.7 (Fig. 2).

Pour extraire la racine carrée d'une fraction décimale, on commencera par partager le nombre qui l'exprime en tranches de deux chiffres en allant de gauche à droite, à partir du point décimal; après quoi l'on opèrera comme pour les chiffres entiers; mais on observera que la racine trouvée doit avoir entre le point décimal et le premier chiffre significatif, autant de zéro qu'il y a de tranches de zéro entre le point décimal et les chiffres significatifs de la fraction donnée.

Soit par exemple la fraction 0.00001225, dont on propose d'extraire la racine carrée. On divisera ce nombre en tranches de deux chiffres, comme on le voit ici : 0.|00|00|12|25; puis on opèrera comme si l'on avait à extraire la racine de 12|25. Ayant trouvé 35, on observera qu'entre le point décimal et le premier chiffre significatif de la fraction, il y a deux tranches de zéro; on mettra donc deux zéro avant le premier signe significatif de la racine trouvée, et cette racine sera 0.0035.

Soit encore la fraction 0.000576, dont on demande la racine carrée.

Ce nombre étant divisé en tranches de deux chiffres, sera : 0.|00|05|76, et ayant trouvé pour la racine de 5|76 le nombre 24, comme il n'y a dans la fraction donnée qu'une seule tranche de zéro, on ne mettra de même qu'un zéro avant le nombre trouvé, et la racine demandée sera 0.024.

De la Cubature et de l'extraction des Racines cubiques.

Pour faire le cube d'un nombre, il faut commencer par en faire le carré, puis multiplier ce carré par le nombre donné. Le carré de 2 est 4, qui, multiplié par 2, donne 8, et 8 est le cube de 2.

Ces opérations, comme l'on voit, se réduisent à des multiplications; mais pour peu que le nombre donné soit composé, elles exigent l'emploi d'un grand nombre de chiffres. Avec l'arithmographe elles se font facilement et promptement.

Soit, par exemple, le nombre 267, dont on veut avoir le cube.

L'index étant placé sur le nombre 267, comme on le voit fig. 2, on trouvera que le carré de ce nombre, produit de la multiplication de 267 par 267, est 71300. Si, sans déranger l'instrument, l'on prend ensuite ce nombre dans le cadran intérieur, on trouvera que celui qui lui correspond dans le cadran extérieur, est 1903, et comme ce nombre est le produit de la multiplication de 267 par 71300, sa valeur sera 19030000. Ce nombre sera le cube de 267 (*).

Soit encore le nombre 48.5, dont on veut avoir le cube.

L'instrument étant disposé comme dans la figure 3, on trouvera que le carré de ce nombre est 2352, sans rien changer à la disposition du cadran, on verra encore que son cube, produit de la multiplication de 48.5 par 2352, est 114100. Il serait exactement: 114083.125.

L'extraction des racines cubiques se fait à l'aide de l'arithmographe, par des procédés du même genre que ceux que nous avons

---

(*) Le cube de 267 serait exactement 19034163, l'erreur n'est que de 1/4500 en moins ; quantité qu'on peut négliger sans inconvénient

indiqués pour l'extraction des racines carrées. Il s'agit pour cela de placer l'index sur un nombre du cadran extérieur, dont le carré corresponde avec le nombre donné.

Il est clair que si 114100 est le cube de 48.5, 48.5 est réciproquement la racine cubique de 114100, et que la flèche étant placée sur 48.5, dont le carré 2352 correspond à 114100, indique la racine cubique de ce dernier nombre.

Nous avons vu que pour parvenir à extraire la racine carrée d'un nombre, il est indispensable de connaître les carrés des nombres simples, parce que cette connaissance aide à trouver le point du cadran extérieur, où il convient de placer l'index. De même pour parvenir à extraire les racines cubiques, il faut connaître les cubes des nombres simples, qui sont ainsi qu'il suit :

Nombres.	1.	2.	3.	4.	5.	6	7.	8.	9.	10.
Cubes.	1.	8.	27.	64.	125.	216.	343.	512.	729.	1000.

Nous avons dit aussi que lorsqu'on voulait extraire la racine carrée d'un nombre, il fallait le diviser en tranches de deux chiffres à partir des unités, et que le nombre des tranches faisait connaître celui des chiffres dont la racine devait être composée.

Pour avoir la racine cubique d'un nombre, il faut de même le diviser en tranches, non de deux, mais de trois chiffres, et le nombre des tranches fait connaître quel est celui des chiffres de la racine demandée.

Au surplus, comme pour l'extraction des racines carrées, le chiffre ou les chiffres qui sont dans la première tranche indiquent quel est l'espace dans lequel on doit placer l'index, ainsi, par exemple, si la première tranche n'a qu'un seul chiffre, soit le chiffre 5, il est clair que ce nombre étant plus petit que 8, dont la racine cubique est 2, aura la sienne entre 1 et 2. Si la première tranche contient deux chiffres, comme par exemple 54, plus grand que 27 dont la racine est 3 , et plus petit que 64 dont la racine est 4, il faudra la chercher entre 3 et 4, et ainsi de suite.

1er. *Exemple.* On propose d'extraire la racine cubique du nombre 114084000.

Ce nombre sera d'abord divisé, à partir de la place des unités , en tranches de trois chiffres, comme il suit : 114|084|000. La première tranche contient trois chiffres qui forment le nombre 114 ; ce nombre plus grand que 64 , dont la racine est 4 , et plus petit que 125, dont la racine est 5 , aura donc sa racine entre 4 et 5 ; mais 114 est plus près de 125 que de 64, la racine cherchée sera donc aussi plus près de 5 que de 4.

L'index étant placé, après quelques tâtonnements, sur le nombre 4.85 , comme on le voit dans la figure 3 , vous reconnaîtrez que le carré de ce nombre indiqué par les chiffres 2352, pris à son tour dans le cadran intérieur, correspond au nombre donné : 114084000. Les chiffres 4.85 seront donc l'expression de la racine cherchée. Mais le nombre donné a été divisé en trois tranches , la racine demandée aura donc trois chiffres entiers, elle sera 485.

2e. *Exemple.* Soit à extraire la racine cubique de 19020.

Ce nombre partagé en tranches de 3 chiffres, sera 19|020.

Le nombre 19 de la première tranche plus petit que 27 , dont la racine est 3 , et plus grand que 8 , dont la racine est 2 , aura donc sa racine entre 2 et 3.

L'index étant, après quelques tâtonnements, placé sur le nombre 2.67, comme on le voit dans la fig. 2 , vous reconnaîtrez que les chiffres de ce nombre sont ceux qui doivent composer la racine, parce que le carré de 2.67 qui est 7.13 , pris à son tour dans le cadran intérieur , correspond au nombre donné 19020.

Mais le nombre 19|020 ne contient que deux tranches de chiffres , la racine cherchée n'aura donc elle-même que deux chiffres d'entiers , elle sera 26.7

Au surplus, lorsque le nombre dont on voudra extraire la racine contiendra des chiffres décimaux, on opèrera comme il a été dit pour les racines carrées, c'est-à-dire qu'en divisant ce nombre en tranches de trois chiffres, on n'aura égard qu'aux entiers, sans faire attention aux chiffres décimaux ; en sorte que si l'on avait à extraire la racine cubique de ce nombre fractionnaire 4738.5042, on ne le diviserait par tranches qu'à partir du point décimal, comme on le voit ici : 4|738|.5042, sans avoir égard aux chiffres décimaux, et la racine cherchée n'aurait en conséquence que deux chiffres entiers, elle serait 16.8

Lorsqu'il s'agira d'extraire la racine cubique d'une fraction décimale, on divisera le nombre qui l'exprime en tranches de trois chiffres, à partir du point décimal et par conséquent en allant de gauche à droite, après quoi on opèrera sur les chiffres significatifs comme s'ils étaient entiers, et les chiffres de la racine étant trouvés, on placera entre le point décimal et le premier de ces chiffres autant de zéro qu'il y aura de tranches complètes de zéro entre le point décimal et le premier chiffre significatif du nombre donné.

Ainsi, par exemple, si l'on avait à extraire la racine cubique de cette fraction décimale 0.00001902 ;

L'ayant divisée par tranches de trois chiffres, ainsi : 0.|000|019|02, on opèrera comme si l'on avait à extraire la racine de 19|02 , et ayant trouvé les chiffres 267 , attendu que dans le nombre donné il y a une tranche complète de zéro , on ajoutera un zéro entre le point décimal et le premier chiffre significatif de cette racine , qui sera en conséquence 0.0267.

De la formation des puissances et de l'extraction de leurs racines.

Lorsqu'on multiplie un nombre par lui-même pour en faire un carré, on l'élève à la seconde puissance ; si l'on　　　　iplie encore le carré qui est le produit de la première multiplication par ce même nombre, on l'élève à la troisième puissance ; en multipliant le cube produit de cette seconde multiplication par le même nombre, on l'élèvera à la quatrième puissance; et en continuant ainsi on élèvera un nombre à telle puissance que l'on voudra.

Ces opérations, que l'on ne peut guère faire par les voies ordinaires du calcul à cause de la multitude des chiffres dont elles exigent l'emploi, et de la tension d'esprit à laquelle elles obligent, se font très aisément par la voie des logarithmes, et par la même raison elles deviennent faciles avec l'arithmographe. En effet, lorsqu'on a placé la flèche sur le nombre donné, l'emploi de notre instrument n'exige d'autre travail que de reconnaître les points de correspondance des nombres qui forment les produits successifs des multiplications, pris alternativement dans le cadran extérieur et dans le cadran intérieur ; en déterminant chaque fois le nombre des chiffres dont ce produit doit être composé, afin de pouvoir donner au produit définitif sa juste valeur ; et c'est à quoi l'on parvient en écrivant successivement ces produits. Quelques exemples feront mieux comprendre ce que nous voulons dire.

1er. *Exemple.* Soit le nombre 2.67 que l'on propose d'élever à la huitième puissance.

L'index étant placé sur le nombre 2.67, comme on le voit dans la figure 2, vous trouverez que le nombre correspondant à 2.67, pris dans le cadran intérieur, est 7.13 ; que le nombre correspondant à 7.13 est 19.02 ; que le nombre qui correspond à 19.02 est 50.7 ; et continuant ainsi jusqu'à ce que vous soyez parvenu à la huitième puissance, vous trouverez qu'elle est 2580. Les nombres des deux cadrans se trouveront en effet en correspondance, ainsi qu'il suit :

Puissances.	1re.	2e.	3e.	4e.	5e.	6e.	7e.	8e.
Cadran extérieur.	2.67;	7.13;	19.02;	50.7;	135.6;	362;	967;	2580.
Cadran intérieur.	1 ;	2.67;	7.13;	19.02;	50.7;	135.6;	326;	967.

2ᵉ. *Exemple*. Soit le nombre 48.5 que l'on propose d'élever à la sixième puissance.

L'index étant placé sur le nombre 48.5 du cadran extérieur, comme dans la figure 3, vous trouverez que les nombres des deux cadrans sont en correspondance entre eux, ainsi qu'il suit :

Puissances :	1ʳᵉ.	2ᵉ.	3ᵉ.	4ᵉ.	5ᵉ.	6ᵉ.
Cadran extér.	48.5 ;	2358 ;	114300 ;	5550000 ;	268000000 ;	1302000000.
Cadran intér.	1 ;	48.5 ;	2358 ;	114300 ;	5550000 ;	268000000.

La seule difficulté de cette opération est de donner à chaque produit le nombre de chiffres qu'il doit avoir, et l'on suivra à cet égard la règle que nous avons donnée à l'article de la multiplication.

Ainsi l'on verra que le produit de 48.5 par lui-même doit avoir quatre chiffres ; que celui de 48.5, par son carré 2358, doit avoir six chiffres ; que celui de 48.5, par sa troisième puissance 114300, doit avoir sept chiffres ; que celui du même nombre 48.5, par sa quatrième puissance, doit avoir neuf chiffres, et enfin que celui du même nombre, par sa cinquième puissance, doit avoir 11 chiffres, et être par conséquent 1302000000. Un calcul plus exact donnerait pour cette sixième puissance de 48.5, ci 1301500000 (7).

Quoique l'on puisse fort bien, ainsi que l'on peut en juger par ces exemples, élever un nombre donné à tel degré de puissance que l'on voudra, au moyen de l'arithmographe, il est bon toutefois d'observer ici que l'on ne doit user de cette voie qu'avec circonspection, et lorsqu'on peut se contenter d'un simple aperçu, parce que l'accumulation des erreurs partielles que l'on peut faire, et que l'on fait nécessairement dans chaque opération, en produirait définitivement de considérables.

L'extraction des racines des diverses puissances se fera par des procédés semblables à ceux que nous avons indiqués pour l'extraction des racines carrées et cubiques, avec l'aide de la table. des puissances des nombres simples que l'on trouvera ci-après. Cette table fera connaître dans quelle partie du cadran on doit chercher la racine demandée, dont on déterminera ensuite la valeur ou le nombre des chiffres en partageant le nombre donné en tranches d'autant de chiffres que l'indiquera le degré de la puissance, savoir de quatre chiffres pour la quatrième puissance, de cinq pour la cinquième, et ainsi de suite.

Ainsi, par exemple, étant donné le nombre 13020000000, dont on veut avoir la racine sixième, on divisera ce nombre en tranches de six chiffres, ce qui en fera celui-ci : 13020|000000, et le nombre formé par les chiffres de la première tranche sera 13020. On cherchera dans la colonne de la sixième puissance de la table 3ᵉ. ci-après, le nombre dont 13020 approche le plus, et qui est 15625, dont la racine sixième est 5, et comme 13020 approche plus de 15625 que de 4096 qui le précède, et dont la racine sixième est 4, on verra aussi que la racine cherchée doit être beaucoup plus près de 5 que de 4.

L'index étant placé, par exemple sur le nombre 48, nous écrirons successivement, sans nous inquiéter de leur valeur, les produits de ce nombre par sa deuxième, sa troisième, sa quatrième puissance, jusqu'à la sixième, que nous trouverons 123, et comme ce nombre est plus petit que 130, nous en concluerons que la racine cherchée est plus grande que 48; nous avancerons donc la flèche par exemple jusque sur 485, et répétant la même opération, nous trouverons que le 6ᵉ. produit 130, ne différant presque pas du nombre donné, la racine cherchée est en effet composée des chiffres 485; or, comme le nombre donné ne contient que deux tranches de chiffres, cette racine sera de deux chiffres entiers, et par conséquent 48.5. En opérant par la voie des logarithmes, on trouverait 48.503.

Des progressions géométriques.

On désigne sous le nom de Progression géométrique une suite de termes dont chacun est égal à celui qui le précède, multiplié ou divisé par un même nombre que l'on appelle *la raison* de la progression.

Lorsque les termes vont en augmentant, la progression est croissante ; lorsqu'ils vont en diminuant, elle est décroissante ; d'où il suit qu'une progression croissante prise en sens inverse, devient une progression décroissante.

Soit cette progression $\div$ 1 : 2 : 4 : 8 : 16 : 32. On voit que chacun des termes de cette progression est plus grand que celui qui le précède ; elle est donc croissante. Chacun des termes contient deux fois celui qui le précède ; les termes croissent donc dans le rapport de 1 à 2. La raison de la progression est donc 2. Si l'on considère cette progression en sens inverse, $\div$ 32 : 16 : 8 : 4 : 2 : 1 , elle sera décroissante dans le rapport de 2 à 1 , et la raison sera encore 2.

Les progressions géométriques sont d'un emploi fréquent dans les calculs, et toutes les opérations qui s'y rapportent, se peuvent faire à l'aide de l'arithmographe.

Supposons cette proportion : 3 : 6 :: 6 : 12 , dans laquelle le troisième terme se trouve le même que le second ; si l'on supprime un de ces termes moyens, on aura cette proportion continue 3 : 6 : 12 , qui sera une vraie progression, dont la raison sera 2 , puisque le second terme 6 est contenu deux fois dans le troisième 12, comme le premier 3 est contenu deux fois dans le second 6.

Or, nous avons fait voir que notre instrument peut représenter toutes sortes de proportions ; il pourra donc de même représenter toutes sortes de progressions ; il y a même cela de remarquable , que si l'on place l'index sur le nombre qui exprime la raison d'une progression donnée, non seulement cette progression se trouvera indiquée par la correspondance des termes qui la composent, pris alternativement sur le cadran intérieur et sur le cadran extérieur ;

4

mais toutes les progressions possibles qui auront la même raison , se trouveront pareillement indiquées.

Soit par exemple cette progression: ÷ 3 : 6 : 12 : 24 : 48 , dont la raison est 2; si l'on place la flèche sur le nombre 2 du cadran extérieur , non seulement on trouvera les termes de cette progression en correspondance les uns avec les autres, savoir: 3 à 6 , 6 à 12 , 12 à 24 , 24 à 48 , mais encore toutes les progressions possibles qui auraient la même raison 2 ; comme par exemple ÷ 15 : 30 : 60 : 120 : 240, etc. ; ou bien ÷ 11 : 22 : 44 : 88 : 176 , etc. ; ou bien ÷ 2.1 : 4.2 : 8.4 : 16.8 : 33.6 , etc. qui sont des progressions croissantes , si on les considère en suivant l'ordre naturel des chiffres , ou qui sont décroissantes , si on les prend en sens inverse comme celle-ci : ÷ 170 : 85 : 42.5 : 21.25 : 10.625.

Pour former les termes d'une progression croissante dont le premier terme et la raison sont donnés, il faut multiplier le premier terme par la raison autant de fois, moins une, qu'il doit y avoir de termes dans la progression. Cette opération se fera facilement au moyen de l'arithmographe. On placera l'index sur le nombre qui exprime la raison, et l'on écrira les produits successifs comme on les trouvera indiqués.

Soit, par exemple, à former une progression croissante de sept termes, dont le premier terme est 13 et la raison 2.67.

Placez l'index sur le nombre 2.67 du cadran extérieur, comme on le voit fig. 2, puis partant du premier terme donné, qui est 13, pris dans le cadran intérieur, vous trouverez pour produits de

2.67 . . . par	13.	34.7
par	34.7 . . .	92.5
par	92.5 . . .	247.
par	247. . . .	659.
par	659. . . .	1760.
par	1760. . . .	4700.

La disposition des cadrans telle qu'elle est représentée par la fig. 2 , donnera la correspondance de ces termes, ainsi qu'il suit:

Cadran extérieur.	2.67	34.7	92.5	247	659	1760	4700
Cadran intérieur.	1	13	34.7	92.5	247	659	1760

Ainsi la progression sera : $\div$ 13 : 34.7 : 92.5 : 247 : 659 : 1760 : 4700.

Pour former les termes d'une progression décroissante de sept termes, dont le premier serait 4700 et la raison 2.67 , l'opération serait la même, avec cette seule différence qu'au lieu de prendre les termes en suivant l'ordre naturel des chiffres, on les prendrait en suivant l'ordre rétrograde à partir du premier terme 4700, pris sur le cadran extérieur.

Une des questions qui se présentent le plus communément relativement aux progressions, c'est de trouver le dernier terme d'une progression dont on connaît le premier terme, le nombre des termes et la raison, sans être obligé de former les termes intermédiaires.

Puisque les termes d'une progression croissante sont formés par la multiplication successive de chaque terme par la raison, il est clair que si l'on multiplie la raison par elle-même autant de fois, moins une, qu'il y a de termes avant le dernier, le dernier produit de ces multiplications, multiplié à son tour par le premier terme, sera égal au dernier terme demandé.

Si la progression est décroissante, le dernier terme sera par conséquent égal au quotient de la division du premier terme par le produit de la multiplication de la raison, par elle-même répétée autant de fois, moins une, qu'il y a de termes avant le dernier.

Mais multiplier la raison par elle-même autant de fois , moins une, qu'il y a de termes avant le dernier, c'est l'élever à un degré de puissance égal au nombre des termes de la progression, moins un, ou au nombre des termes qui précèdent le dernier ; lors donc

4..

que nous parlerons de ce produit de la multiplication de la raison par elle-même, nous le désignerons sous le nom de *puissance de la raison.*

Ces notions sont nécessaires pour résoudre la question dont il s'agit, ainsi que celles que nous examinerons ensuite.

Soit, par exemple, une progression croissante dont le premier terme est 13, la raison 2.67, et dont on demande le septième terme.

Élevez la raison 2.67 à sa sixième puissance, en la multipliant par elle-même cinq fois de suite. La disposition des cadrans telle qu'elle est représentée par la fig. 2, vous donnera cette suite de rapports :

$$\frac{2.67 \quad 7.13 \quad 19.04 \quad 50.8 \quad 136 \quad 362.}{1 \quad 2.67 \quad 7.13 \quad 19.04 \quad 50.8 \quad 136.}$$

dont le dernier terme 362 sera la sixième puissance de la raison. Multipliez le dernier terme 362 par le premier terme de la progression 13, vous aurez pour produit 4706, qui sera le septième terme de la progression.

Si la progression était décroissante et avait pour premier terme 4706, en divisant ce nombre 4706 par 362, sixième puissance de la raison, on aurait pour quotient 13, qui serait le septième terme.

Lorsque le premier et le dernier termes d'une progression, ainsi que le nombre des termes, sont connus, on demande quelquefois quelle est la raison ?

Soit le premier terme 13, le dernier 4706, et le nombre des termes 7.

Divisez le plus grand terme 4706 par le plus petit 13, vous aurez pour quotient 362. Cherchez la racine sixième de 362, vous aurez 2.67 pour la raison demandée.

Étant donnés, le plus grand et le plus petit termes d'une progression, ainsi que la raison, on peut avoir besoin de connaître le nombre des termes.

Soit 13 le plus petit terme, 4706 le plus grand terme, et 2.67 la raison.

Placez la flèche sur le point 2.67 du cadran extérieur, fig. 2, puis partant du nombre 13 pris dans le cadran intérieur, comptez les termes qui se trouvent en rapport jusqu'à ce que vous soyez parvenu au plus grand terme 4700, vous en trouverez neuf.

Lorsqu'on connaît le nombre des termes d'une progression, le plus petit et le plus grand termes, ainsi que la raison, on peut trouver la somme de la progression par une opération qui consiste à multiplier le plus grand terme par la raison, et à retrancher du produit le premier terme.

Soit une progression de sept termes, dont le plus petit est 13, le plus grand 4706, et la raison 2.67. Multipliez 4706 par 2.67, vous aurez pour produit 12549, dont, retranchant le plus petit terme 13, il restera 12536, qui sera la somme de tous les termes de la progression.

SECONDE PARTIE.

Quoique l'on puisse aisément déduire des explications que nous venons de donner, les règles que l'on devra suivre pour faire l'application de notre instrument à tous les cas qui en sont susceptibles, nous avons pensé qu'il ne serait pas superflu de donner quelques exemples des opérations de diverses sortes que l'on peut faire au moyen de cet instrument, afin d'en faire d'autant mieux sentir l'utilité et d'en faciliter l'emploi. C'est à quoi nous destinons cette seconde partie.

Conversion des fractions ordinaires en fractions décimales.

L'emploi des fractions ordinaires dans les calculs en rend quelquefois les opérations difficiles, longues et embarrassantes. On s'affranchit de cette difficulté en convertissant les fractions en fractions décimales, au moyen de quoi les opérations deviennent aussi simples que s'il n'y avait point de fractions.

Pour réduire une fraction ordinaire en fraction décimale, il faut effectuer la division indiquée par la fraction, c'est-à-dire, diviser le numérateur de la fraction proposée par son dénominateur ; ainsi l'opération se réduit à une division suivant les règles indiquées ci-devant.

1er. *Exemple.* Soit la fraction 3/8 à convertir en fraction décimale.

Il faut diviser 3 par 8 ; en conséquence le diviseur 8, pris dans le cadran intérieur, étant placé sous le dividende 3, on verra que la flèche indique pour quotient les chiffres 375. Pour donner à ce quotient sa juste valeur, nous observerons que le dividende 3 étant plus petit que le diviseur 8, nous n'avons pu diviser 3 par 8 qu'en ajoutant à ce dividende un zéro qui en a fait 30 dixièmes ; ce sont donc des dixièmes que nous devons avoir pour premier chiffre au quotient, qui sera en conséquence o.375.

2ᵉ. *Exemple.* Soit la fraction 37/109 à convertir en fraction décimale.

Le dividende 37 ne contient point le dividende 109 ; mais si nous ajoutons un zéro à 37, nous aurons 37.o ou 370 dixièmes, qui se diviseront fort bien par 109, et donneront un quotient dont le premier chiffre exprimera des dixièmes.

Le diviseur 109 étant placé sous le dividende 370, nous aurons pour quotient le nombre indiqué par l'index, qui sera en conséquence o.34.

3ᵉ. *Exemple.* Soit encore la fraction 8/185 à convertir en fraction décimale.

Ajoutez deux zéro au dividende 8, et opérez comme si vous aviez 800 centièmes à diviser par 185. Le diviseur 185 étant placé sous le dividende 800, l'index vous donnera pour quotient 433, dont le premier chiffre exprimera des centièmes ; ainsi le quotient sera o.0433.

Conversion des fractions décimales en fractions ordinaires.

On peut quelquefois avoir besoin de convertir une fraction décimale en une fraction ordinaire, et même ces opérations sont fréquentes dans les calculs qui ont pour objet la réduction des mesures nouvelles en mesures anciennes.

Pour faire cette opération, il faut multiplier le numérateur de la fraction décimale par le dénominateur de celle que l'on veut obtenir, et l'on procédera suivant les règles indiquées dans la première partie pour la multiplication.

1er. *Exemple.* On désirerait savoir à combien de 24mes équivaut la fraction décimale o.347.

L'opération se réduit à multiplier 347 par 24, ou 3470 par 2.4. L'index étant placé sur 3470, vous trouverez que le nombre correspondant au multiplicateur 2.4 est 8.33. Ainsi la valeur de o.347 sera d'abord 8/24 ; il restera une portion dont la valeur sera 33 centièmes de 24e.

Si l'on voulait convertir ces 33 centièmes de 24e. en une autre fraction de 24e., comme par exemple en 16e., on opèrerait de la même manière ; on multiplierait 33 par 16, ou plutôt 330 par 1.6, et l'on aurait au produit 5.55/16 de 24e.

2e. *Exemple.* La livre poids de marc contenait 16 onces, l'once 8 gros, et le gros 72 grains ; on voudrait savoir à combien d'onces, de gros et de grains équivaut la fraction décimale o.419, c'est-à-dire, 419 millièmes de livre.

Multipliez d'abord 419 par 16, ou 4190 par 1.6, vous aurez pour produit 669, dont le premier chiffre vous indiquera le nombre des onces, ci . . . .   6 onces.

Il restera o.69, que vous multiplierez par 8, et le produit sera 552, dont le premier chiffre exprimera le nombre des gros, ci . . . .   5 gros.

Il vous restera encore o.52 qui, multiplié par 72, vous donnera pour produit 374. Dans les deux premiers chiffres seront le nombre des grains, ci . . . . .   37 grains.

Ainsi la valeur de la fraction décimale de la livre o.419, sera 8 onces 5 gros 37 grains 4/10.

Conversion des mesures anciennes en nouvelles.

Pour convertir un nombre donné de mesures anciennes en nouvelles, il faut multiplier le nombre qui exprime le rapport de la mesure ancienne à la nouvelle par le nombre donné.

Toutes les opérations qui ont pour objet la conversion des mesures anciennes en nouvelles, se réduisent donc à la multiplication. Il ne s'agit que de connaître le rapport de la mesure ancienne avec la nouvelle.

On trouvera à la suite de cet écrit une table dans laquelle on a réuni les rapports des mesures anciennes, dites de Paris, avec les nouvelles. (Voy. Table I.) Chacun peut au surplus consulter les tables particulières des mesures de son département (8).

1er. *Exemple.* On voudrait savoir quelle est en mètres la valeur de 23 aunes de Paris.

Le rapport de l'aune au mètre est 1.188. Placez l'index sur ce nombre 1.188, et cherchant dans le cadran extérieur le nombre correspondant à 23, vous trouverez 27.3. Ainsi la valeur de 23 aunes sera : *mètres* 27.3.

Nous n'avons pas besoin de faire observer que l'index étant toujours dans la même position, on trouvera également la valeur de tout autre nombre d'aunes en mètres; ainsi on verra que 64 aunes valent 76 mètres, que 258 aunes vaudront 318 mètres, et ainsi de tout autre nombre.

2e. *Exemple.* On demande quelle est en mesures nouvelles la valeur de 27 arpents et 62 perches, mesure des eaux et forêts.

Nous trouvons dans la table que l'arpent des eaux et forêts vaut en *ares* 51.07; nous savons d'une part que l'arpent contient 100 perches, et de l'autre que 100 ares font 1 hectare.

L'index étant placé sur le nombre 51.07, nous multiplierons ce nombre par 27.62, et nous aurons pour produit 1411 ares, ou hectares 14.11.

Si le nombre des mesures anciennes que l'on veut convertir en nouvelles, contient des fractions ou sous-espèces, il faut commencer par réduire les entiers, s'il n'y en a qu'un petit nombre, en sous-espèces, ou par transformer les sous-espèces en fractions décimales, pour ne former du tout qu'une seule quantité d'unités du même genre, sur laquelle on opèrera suivant les règles précédemment indiquées.

3e. *Exemple*. On demande quelle est en nouveaux poids la valeur de 4 livres 3 onces 2 gros.

Nous pouvons opérer de deux manières : la première en changeant cette quantité en gros, ce qui nous donnera 538 gros. Nous chercherons dans la table le rapport du gros au gramme, qui est 3.82, et multipliant ce nombre 3.82 par 538, nous trouverons pour valeur en *grammes* 2060, valeur qui, réduite en *décagrammes*, sera 206; ou en *hectogrammes* 20.6; ou en *kilogrammes* 2.06.

La seconde manière d'opérer consiste à convertir les sous-espèces 3 onces 2 gros, en fractions décimales de la livre, ce qui nous donnera 203 millièmes ou 0.203. Ensuite nous multiplierons 4.89, rapport de la livre à l'hectogramme, par 4.203, et nous aurons pour la valeur cherchée, *hectogrammes* 20.6 ou *kilogrammes* 2.06 (*).

(*) On peut aussi convertir successivement chaque espèce; ainsi pour 4 livres on multipliera le rapport de la livre à l'hectogramme 4.895 par 4, ce qui donnera pour produit 19.56
Puis le rapport de l'once ou décagramme 3.059 par 3, ce qui donnera . 0.916
Enfin le rapport du gros au gramme, qui est 3.824 par 2, et donnera . 0.0765

la somme sera 20.5525
ce qui ne diffère pas du produit trouvé par les autres procédés.

De la conversion des Mesures nouvelles en Mesures anciennes.

Le rapport des mesures nouvelles avec les anciennes étant inverse de celui des mesures anciennes avec les nouvelles, la conversion de ces mesures se fera aussi par un procédé inverse.

L'index étant placé sur le point du cadran extérieur qui exprime le rapport de la mesure ancienne avec la nouvelle, au lieu de prendre le multiplicateur dans le cadran intérieur, on le prendra dans le cadran extérieur, et réciproquement, au lieu de chercher le produit dans le cadran extérieur, on le cherchera dans l'intérieur.

1er. *Exemple.* On propose de réduire 537 mètres en aunes de Paris.

Placez l'index sur le nombre 1.188, qui exprime le rapport de l'aune au mètre, cherchez dans le cadran intérieur le nombre correspondant à 537, vous trouverez 452. Ainsi la valeur de 537 mètres sera 452 aunes.

2e. *Exemple.* Soit à convertir en livres, *kilogram.* 8.75.

Placez l'index sur le nombre 4.89, qui exprime le rapport de la livre à l'hectogramme, et comme *kilog.* 8.75 sont la même chose que *hectog.* 8.75, cherchez dans le cadran intérieur le nombre correspondant à 8.75, pris dans le cadran extérieur, vous trouverez 17.9, c'est-à-dire, 17 livres et 9 dixièmes.

Si vous voulez avoir l'expression de ces 9 dixièmes de livre en onces, vous multiplierez 0.9 par 16, ce qui vous donnera 14.4, et la valeur cherchée sera en *onces* 14.4. Ces 4 dixièmes d'once multipliés à leur tour par 8, pour être convertis en gros, donneront 3 gros et 2 dixièmes. Ainsi la valeur en livres, onces et gros de *kilogr.* 8.75, sera 17 liv. 14 onces 3 gros et 2 dixièmes de gros.

Rapport des Prix des mesures anciennes et nouvelles.

Lorsqu'on veut connaître quel est le prix d'une mesure nouvelle, comparativement avec celui d'une mesure ancienne analogue, il faut opérer comme si le prix donné, exprimant une quantité de mesures nouvelles , on avait à la convertir en mesures anciennes analogues, ou *vice versâ*.

1er. *Exemple*. Le prix de la livre ancienne étant de *fr*. 4.5o, on demande quel sera le prix du kilogramme.

Placez l'index sur le nombre o.4895, rapport de la livre au kilogramme, puis opérant comme s'il était question de convertir *kilogrammes* 4.5 en livres , vous chercherez dans le cadran intérieur le nombre correspondant à 4.5 , pris dans le cadran extérieur, et vous trouverez pour le prix du kilogramme *francs* 9.2o.

2e. *Exemple*. Le prix de l'hectare de terre étant de 164o fr., on demande quel serait celui de l'arpent des eaux et forêts.

Placez l'index sur le nombre o.5107, qui exprime le rapport de l'arpent à l'hectare, puis opérant comme si vous aviez 164o arpents à convertir en hectare, vous trouverez que le nombre du cadran extérieur correspondant à 164o, pris dans l'intérieur, est 8o2 fr.

- - - - - - - - - - - - -

Rapports des Mesures étrangères avec les nouvelles Mesures de France.

Lorsqu'on connaît le rapport d'une mesure étrangère avec la nouvelle mesure de France analogue, rien n'est plus simple que de trouver la valeur de tel nombre que l'on voudra de ces mesures ; l'opération est la même que pour convertir les anciennes mesures de France en nouvelles.

Soit par exemple à convertir en mètres une quantité de 519 vares de Castille, dont le rapport avec le mètre est supposé de 0.831.

L'index étant placé sur 831, vous trouverez que le nombre du cadran extérieur, correspondant à 519, est 432.

Mais il est possible que l'on ne connaisse pas le rapport de la mesure dont il s'agit, avec la nouvelle mesure de France analogue; si du moins on connaît la valeur de cette même mesure avec la mesure ancienne de France, on pourra toujours en faire la conversion.

Supposons, par exemple, qu'il soit question de savoir à combien de kilogrammes équivalent 5400 marcs de Castille, dont on ne connaît pas le rapport avec les poids nouveaux, mais dont on sait que la valeur en poids anciens était de 4337 grains poids de marc.

Il faut commencer par chercher le rapport du marc de Castille avec les poids nouveaux. La livre contenait 9216 grains, et sa valeur en kilogrammes est 0.4895; nous aurons donc le rapport du marc de Castille au kilogramme par cette proportion: $9216 : 4.4895 :: 4337 : x$, qui nous donnera pour quatrième terme 0.23, et ce quatrième terme 0.23 sera le rapport du marc de Castille au kilogramme.

Multipliant donc 0.23 par 5400, nous aurons pour produit 1240, et ce sera la valeur cherchée.

Ces exemples suffisent pour indiquer la manière dont on pourra procéder pour résoudre toutes les questions du même genre.

Réduction des Fractions à leurs moindres termes.

Lorsque les deux termes d'une fraction sont l'un et l'autre composés de plusieurs chiffres, on réduit cette fraction à ses moin-

dres termes, en les divisant l'un et l'autre par leur plus grand diviseur commun, et l'arithmétique enseigne le moyen de trouver ce
diviseur commun, ce qui ne peut se faire néanmoins que par une
suite d'opérations plus ou moins longues. L'arithmographe offre le
moyen de faire ces réductions avec autant de célérité que de facilité. Il suffit de placer l'un des termes de la fraction, pris dans le
cadran intérieur, sous l'autre terme pris dans le cadran extérieur,
et de chercher des yeux quels sont les nombres les plus simples
des deux cadrans qui se co   correspondent.

Soit, par exemple, la fraction 465/1240 que l'on propose de réduire à ses moindres termes.

Placez les cadrans de manière que le numérateur 465 soit sous
le dénominateur 1240, comme on le voit fig. 2; cherchez ensuite
des yeux quels sont dans les deux cadrans les nombres le plus simples qui se correspondent, vous trouverez que ce sont les nombres
3 et 8. Ainsi la fraction 3/8 sera égale à la fraction 465/1240, et
3/8 sera l'expression la plus simple de la fraction donnée.

Cette opération est le résultat d'une proportion : 465 : 1240 ::
3 : 8. Ainsi, lorsque le dénominateur de la fraction proposée contiendra beaucoup plus de chiffres que le numérateur, on trouvera
la valeur du nouveau dénominateur, en opérant comme s'il était
question de trouver la valeur du quatrième terme d'une proportion.

On propose, par exemple, de réduire à ses termes les plus simples, la fraction 65/3150. Les cadrans étant placés dans la position
qu'indique la fig. 3, vous verrez que les nombres les plus simples
qui se correspondent exactement, sont 2 et 9.7. Il s'agit de trouver
la valeur du dénominateur de la nouvelle fraction. A cet effet vous
ferez cette proportion: 65 : 3150 :: 2 : x. Vous transformerez ensuite cette proportion en celle-ci: 6500 : 3150 :: 200 : 97; ainsi
la nouvelle fraction équivalente à la fraction donnée, sera 2/97 (9).

On parviendra par le même procédé à réduire une fraction donnée à une autre fraction qui en approche le plus possible, et qui ait l'unité pour numérateur.

Soit par exemple la même fraction 65/3150 qu'il s'agit de convertir en une autre qui en approche le plus possible, et qui ait l'unité pour numérateur.

Les cadrans étant disposés comme dans l'exemple précédent, fig. 3, vous verrez que le nombre auquel correspond la flèche, est formé des chiffres 4, 8, 5. Pour trouver la valeur de ces chiffres, vous ferez la proportion 65 : 3150 :: 1 : x, qui, transformée ensuite en celle-ci : 6500 : 3150 :: 100 : 48.5, donnera pour valeur du quatrième terme 48.5.

Ainsi la fraction demandée sera 1/48, et il y aura une petite portion perdue. Si vous voulez la conserver, vous n'avez qu'à prendre 10 pour numérateur, au lieu de l'unité, et la fraction nouvelle sera 10/485.

Si vous voulez avoir l'expression de cette même fraction en chiffres décimaux, sans rien changer à la disposition de l'instrument, vous n'avez qu'à prendre sur le cadran intérieur le nombre auquel correspond le chiffre 1 du cadran extérieur. Ce nombre, exprimé par les chiffres 206, vous fera connaître que la fraction décimale équivalant à 65/3150, est 0.0206, c'est-à-dire 206 dix-millièmes (10).

Ces transformations de fractions sont d'un usage très fréquent dans les calculs, et l'on ne saurait trop s'exercer à se rendre familiers les procédés par lesquels elles s'opèrent.

Simplification des rapports des nombres.

On a très souvent besoin de savoir en quel rapport sont entre elles deux quantités exprimées par des nombres. Le moyen d'y parvenir est de considérer les deux nombres comme s'ils étaient les termes d'une fraction, et de réduire ces deux termes à leur expression la plus simple, afin que leur rapport soit sous une forme plus commode et plus facile à saisir. Les opérations qui ont pour objet la simplification des rapports des nombres, rentrent donc exactement dans celles que nous avons expliquées dans l'article précédent.

Soient, par exemple, les deux nombres 65 et 3150, dont on désire exprimer le rapport sous une forme plus simple.

Placez le nombre 65, pris dans le cadran intérieur, sous le nombre 3150 du cadran extérieur, comme on le voit fig. 3; puis cherchez des yeux quels sont les nombres les plus simples des deux cadrans qui se correspondent exactement, vous trouverez que ce sont les nombres 2 et 97, 7 et 340, 10 et 485, 13 et 640; mais le plus simple de ces rapports est celui de 2 à 97. Vous direz donc que les deux nombres donnés, sont dans le rapport de 2 à 97.

Soient encore les nombres 18 et 48, dont on désire connaître le rapport le plus simple.

Le nombre 18 étant placé sous 48, comme on le voit fig. 2, en cherchant des yeux quels sont les nombres des deux cadrans qui se rapportent le plus exactement, vous trouverez que ce sont les nombres 3 et 8; ainsi vous direz que les nombres donnés sont entre eux dans le rapport de 3 à 8.

Les quantités données sont telles quelquefois que leur rapport ne peut être exprimé exactement par des nombres simples, ou du moins composés de peu de chiffres; on pourra alors se contenter d'un rapport approximatif.

Soient, par exemple, les nombres 145 et 510, dont on désire connaître le rapport.

Ces deux nombres étant placés l'un sous l'autre, on verra que les deux nombres les plus simples qui sont le plus près de se correspondre exactement, sont 2 et 7, en sorte que le rapport le plus simple et le plus approché des deux nombres donnés, peut être exprimé par celui de 2 à 7.

Lorsqu'on désirera savoir en quel rapport une fraction donnée est avec un nombre entier, on le trouvera facilement en faisant une proportion qui aura pour premier terme le numérateur de la fraction, pour second terme son dénominateur, le nombre entier pour troisième terme, et dont le quatrième terme sera le dénominateur d'une nouvelle fraction, qui aura l'unité pour numérateur, et sera en conséquence l'expression du rapport cherché.

Soit la fraction 27/645, dont on veut connaître le rapport avec le nombre entier 3254.

Faites cette proportion : $27 : 645 :: 3254 : x$, dont le quatrième terme 77600 sera le dénominateur d'une nouvelle fraction 1/77600, qui exprimera le rapport demandé.

Soit encore la fraction décimale 0.0418, dont on veut connaître le rapport avec le même nombre entier 3254.

Faites cette proportion : $0.0418 : 1 :: 3254 : x$, dont le quatrième terme 77600 sera encore le dénominateur d'une nouvelle fraction 1/77600, qui sera elle-même l'expression du rapport demandé.

Nous invitons nos lecteurs à s'exercer beaucoup à ces sortes d'opérations, qui sont d'une utilité continuelle.

Des Règles de société.

Les règles de société se réduisent à des règles de trois, et se font très facilement avec l'arithmographe, comme on en pourra juger par les exemples suivants :

1er. *Exemple.* Trois hommes ont fait une société pour un objet de commerce.

Le premier a fait une mise de 2440 ⎫
Le second . . . . de 1520 ⎬ Total 4854.
Le troisième . . . . de 894 ⎭

La société a prospéré, et le négoce fini, il s'est trouvé un bénéfice de 7300 fr. qu'il s'agit de partager entre les associés , en proportion de leur mise.

Faites les proportions suivantes :

$$4854 : 7300 :: \begin{cases} 2440 : x \\ 1520 : x \\ 894 : x \end{cases}$$

Le nombre 4854 du cadran intérieur étant placé sous le nombre 7300, vous trouverez que,

2440 , mise du premier, répond à 3670 ⎫
1520 , mise du second, à . . . . 2285 ⎬ 7300.
894 , mise du troisième, à . . . 1345 ⎭

2ᵉ. *Exemple.* Quatre personnes ont formé une société , dans
laquelle elles ont fait les mises suivantes , savoir :

La première, 72000 fr. ⎫
La seconde , 54000   ⎬ Total. 192000 fr.
La troisième, 39000   ⎮
La quatrième, 27000   ⎭

Les besoins de l'entreprise ayant exigé un appel de fonds de
27000 fr., on demande combien chaque associé doit fournir en
proportion de sa mise.

Faites quatre proportions dont les nombres 192000 et 27000
seront les deux premiers termes , et la mise de chaque associé le
troisième.

Le premier terme 192000 étant placé sous le second 27000, vous trouverez le quatrième terme de chaque proportion, ainsi qu'il suit :

$$192000 : 27000 :: \left\{ \begin{array}{l} 72000 \; : \; 10120 \\ 54000 \; : \; 7590 \\ 39000 \; : \; 5490 \\ 27000 \; : \; 3800 \end{array} \right\} \; 27000.$$

3e. *Exemple.* Un entrepreneur a plusieurs ouvriers à payer à différents prix, savoir :

$$\left. \begin{array}{l} 5 \text{ ouvriers à } 3 \text{ fr. ci. . . . . } 15 \text{ fr.} \\ 7 \quad - \quad \text{à } 3.50 \text{ . . . . . } 24.5 \\ 13 \quad - \quad \text{à } 4 \text{ . . . . } 52 \\ 8 \quad - \quad \text{à } 5 \text{ . . . . } 40 \end{array} \right\} \; \text{Total } 131.5.$$

L'entrepreneur n'a que 75 fr. à leur distribuer ; on demande combien il doit donner à chacun au *prorata* de ce qui lui est dû.

Faites les proportions suivantes, au moyen desquelles, et par une seule opération de l'arithmographe, vous verrez ce qui revient à chaque ouvrier.

$$131.5 : 75 :: \left\{ \begin{array}{l} 15. \quad : \quad 8.55. \\ 24.5 \; : \; 14. \\ 52. \quad : \; 29.70. \\ 40. \quad : \; 22.80. \end{array} \right.$$

$$\overline{75.05.}$$

L'erreur de 5 centimes n'est d'aucune importance.

____

Règles de fausse position.

LES règles de fausse position sont d'un usage très commode dans les calculs, en ce qu'elles donnent un moyen simple et facile de trouver la solution de quelques questions qui semblent d'abord embarrassantes. Comme les opérations qui s'y rapportent se réduisent définitivement à des proportions, on les fera aisément avec le secours de l'arithmographe.

1er. *Exemple.* On propose de trouver un nombre dont la moitié, le tiers et le quart fassent ensemble 69.

Il faut multiplier l'un par l'autre les dénominateurs des fractions 1/2, 1/3 et 1/4, ce qui donnera 24.

On prendra ensuite la moitié de ce nombre 24 qui est 12   ⎫
        le tiers qui est. . . . . 8 ⎬ 26.
        le quart qui est . . . . 6 ⎭

L'addition de ces trois nombres donnera un nombre fictif 26, qui doit se trouver avec 24 dans le même rapport que le nombre donné 69 est avec le nombre cherché. On fera donc cette proportion : 26 : 24 :: 69 : x, pour valeur du quatrième terme, de laquelle on trouvera 63.7 dont la moitié est 31.85 ⎫
        le tiers . . . 21.23 ⎬ 69.
        le quart. . . 15.92 ⎭

2e. *Exemple.* On veut partager entre quatre personnes une somme de 3200 fr., de manière que la seconde ait deux fois autant que la première, la troisième trois fois autant que la seconde, et la quatrième cinq fois autant que la troisième.

Supposons la part de la première . . . . 1 ⎫
Celle de la seconde, deux fois autant que la 1re. 2 ⎪
Celle de la troisième, trois fois autant que la 2e. 6 ⎬ 39.
Et celle de la quatrième, cinq fois autant que la 3e. 30 ⎭

Ajoutant ensemble ces nombres fictifs, nous aurons pour total 39, qui doit être, avec la somme donnée, dans le même rapport que chacune des parts fictives sera avec la part réelle qui revient à chacun. Nous ferons en conséquence cette proportion :

$$39 : 3200 :: \left\{ \begin{array}{l} 1 : x. \\ 2 : x. \\ 6 : x. \\ 30 : x. \end{array} \right.$$

Le nombre 39 étant placé sous le nombre 3200, nous trouverons par une seule opération, que (11)

la part du 1er., correspondante à 1, est 82
celle du 2e., correspondante à 2 164
celle du 3e., correspondante à 6 493
celle du 4e., correspondante à 30 2461

$\left. \right\}$ 3200.

Des Règles d'alliage.

COMME on ne s'est pas proposé de faire de cet écrit un traité d'arithmétique, on n'entrera pas ici dans l'explication des principes suivant lesquels se font les règles d'alliage; on se contentera de faire voir, par quelques exemples, comment l'arithmographe peut y être appliqué.

1er *Exemple.* Un orfèvre a de l'argent à 960 millièmes de fin, et de l'argent à 584 millièmes; on demande combien il doit prendre de l'un et de l'autre pour composer un lingot du poids de 52 décagrammes, au titre de 871 millièmes.

Cherchons la différence du plus haut titre 960, au plus bas 584, ci . . . . 376.
Puis la différence du titre moyen 871, au plus bas 584, ci . . 287

Enfin la différence du même titre moyen 871, au plus
haut 960, ci . . . . 89.

Faisons ensuite cette proportion :

$$376 : 52 :: \begin{cases} 287 : x. \\ 89 : x. \end{cases}$$

Le 1er. terme 376, étant placé sous le 2e. 52, on trouvera pour
4e. terme, corresp. à 287, ci décag. 39.7, ou gram. 397 } 520.
et pour 4e. terme, corresp. à 89, ci 12.3 . . . . . . 123 }

Et en effet, si l'on ajoute 397 grammes à 960 millièmes, qui
font . . . . 381120.
avec 123 grammes à 584, qui font. . . . . 71832.
on aura un total de . . . . 452952.
qui, divisé par 520, donnera pour quotient 871, titre demandé.

2e *Exemple.* On demande combien il faudrait ajouter ensemble de matière dont la pesanteur spécifique est de : kilog. 7.59 par
décimètre cube, et de matière dont la pesanteur spécifique est de
10.95, pour faire une masse de 54 décimètres cubes, dont la pesanteur spécifique soit de 9 kilog. par décimètre cube.

La différence de la plus grande pesanteur à la moindre est 3.36
Celle de la moyenne à la moindre est 1.41
Celle de la moyenne à la plus grande est 1.95
En conséquence nous ferons cette proportion :

$$3.36 : 54 :: \begin{cases} 1.41 : x. \\ 1.95 : x. \end{cases}$$

Après avoir opéré comme pour l'exemple précédent, on trouvera pour quatrième terme, correspondant à 1.41, 22.7, ce qui
indiquera qu'il faut prendre *décim. cub.* 22.7 de la matière la plus
pesante; et pour quatrième terme, correspondant à 1.95, 31.3,

ce qui indiquera qu'il faut prendre *décim. cub.* 1.95 de la moins pesante.

La masse qui résultera de cet alliage sera de 54 décim. cubes, et sa pesanteur sera de 9 kil. par décim. cub.

3e. *Exemple.* On a 64 kilogrammes d'étain à 996 millièmes de fin, que l'on veut réduire à 865; on demande combien il faut y ajouter de plomb.

La différence du plus haut titre 996 au plus bas 0, est ci 996.

Celle du titre moyen 865 au plus bas 0, est ci . . . . . 865.

On fera cette proportion : 865 : 996 .: 64 : x, pour quatrième terme de laquelle on trouvera 73.6, nombre qui exprimera la masse de l'alliage, et dont, retranchant 64, quantité de la masse d'étain donnée, il restera 9.6; en sorte qu'en ajoutant *kilog.* 9.6 de plomb à 64 kilog. d'étain à 996 millièmes de fin, on aura une masse de *kilog.* 73.6, qui sera au titre de 865 millièmes.

Du Calcul des intérêts.

On est dans l'usage de calculer les intérêts de l'argent, le produit des fonds de terre, la perte et le bénéfice des affaires de commerce, etc. à tant pour cent, c'est-à-dire, en prenant le nombre 100 pour point de comparaison.

Les opérations de ce genre sont de trois sortes. Il s'agit de savoir : 1°. en quel rapport le produit connu est avec la somme proposée; 2°. ou bien, quel sera le produit d'une somme donnée, en supposant la proportion connue; 3°. ou bien enfin, en supposant le produit connu, ainsi que sa proportion, quel est le fonds qui doit donner ce produit.

Toutes ces opérations, comme l'on voit, se font par des proportions, et peuvent également se faire avec l'arithmographe.

1er. *Exemple.* Une somme de 5190 fr. a produit, après un certain temps, un bénéfice de 270 fr.; on demande quel est le tant pour cent de ce bénéfice.

Faites cette proportion : $5190 : 270 :: 100 : x$, pour quatrième terme de laquelle l'instrument vous donnera 5.2; ainsi la somme a produit un bénéfice de 5.2 pour cent.

2e. *Exemple.* On demande quel sera à 4. 1/2 ou 4.5 pour cent par an, l'intérêt d'une somme de 54300 fr.

Faites cette proportion : $100 : 4.5 :: 54300 : x$, pour quatrième terme de laquelle l'instrument donnera 2440. Ce sera l'intérêt demandé.

3e. *Exemple.* Le produit annuel d'une terre ou d'une maison étant de 1570 fr., on demande quelle doit être la valeur du fonds, ce produit étant supposé de 2. 1/2 ou 2.5 pour cent.

Faites cette proportion : $2.5 : 1570 :: 100 : x$, pour quatrième terme de laquelle l'instrument vous donnera 62700; ce sera la valeur du fonds.

L'intérêt d'une somme d'argent étant fixé à tant pour cent par an, il s'agit souvent d'en régler la quotité pour un certain nombre de mois et de jours. On y parvient par des opérations partielles, qui sont longues et exigent quelquefois l'emploi de beaucoup de chiffres. A l'aide de l'arithmographe elles seront très faciles.

L'intérêt d'une somme de 3200 fr. étant, par exemple, fixé à raison de 5 pour cent par an, on demande quelle en sera la quotité pour 7 mois.

Faites d'abord cette proportion : $100 : 5 :: 3200 : x$, dont le quatrième terme 160 sera le 5 pour cent de l'intérêt par an.

Considérant ensuite que l'année est composée de 12 mois, vous ferez cette autre proportion : $12 : 160 :: 7 : x$, dont le quatrième terme fr. 93.40, sera la quotité de l'intérêt pour 7 mois (12).

Supposons encore que l'intérêt d'une somme de 4700 fr. étant fixé à 6 pour cent par an, il soit question d'en déterminer la quotité pour 5 mois et 13 jours.

On fera d'abord cette proportion: $100 : 6 :: 4700 : x$, dont le quatrième terme 282 sera le 6 pour cent de l'intérêt par an.

Considérant ensuite que l'année est de 360 jours (*), et que 5 mois et 13 jours font 163 jours, on fera cette autre proportion: $360 : 282 :: 163 : x$, dont le quatrième terme 128 sera la quotité de l'intérêt demandé pour 5 mois et 13 jours.

De l'Escompte.

Quoique dans les opérations d'escompte qui se font communément, on ne suive pas d'autre méthode pour régler la quotité de l'escompte que celle qui sert à régler l'intérêt des fonds, il ne sera cependant pas hors de propos que l'on trouve ici l'indication de la manière dont on doit procéder lorsqu'on veut opérer régulièrement.

Supposons qu'un homme consente à prêter une somme de 10000 fr. pour un an, à condition que l'intérêt lui en sera payé d'avance, à raison de 10 pour cent, c'est-à-dire qu'il le retiendra sur la somme qu'il convient de prêter.

L'intérêt de 10000 fr. à 10 pour cent est 1000 fr.; mais si le prêteur retenait cette somme, il est certain qu'il retiendrait trop, puisqu'en se payant d'avance d'une somme qui régulièrement ne devrait être payée qu'à la fin de l'année, il aurait une somme de 1000 fr. dont il pourrait tirer un nouveau bénéfice, en la prêtant

---

(*) Dans le calcul des intérêts on compte assez communément les mois de 30 jours uniformément, et l'année par conséquent de 360 jours seulement.

à un autre, et l'emprunteur se trouverait privé de ces mêmes 1000 fr. pendant une année.

Mais l'emprunteur, de son côté, ne doit pas retenir 100 fr. pour l'intérêt de ces mêmes 1000 fr., parce qu'à son tour il se trouverait bénéficier de cette somme de 100 fr., et ainsi de suite.

Voilà exactement le cas de toutes les opérations d'escompte; car l'homme qui escompte un billet de 10000 fr. à 10 pour cent et un an de terme, ne donnerait pas assez, s'il ne payait que 9000 fr. et il donnerait trop s'il donnait 9900 fr. Il s'agit donc de déterminer la juste quotité de la retenue que le prêteur doit faire, pour que l'un et l'autre ait son compte.

L'opération pour y parvenir est très simple, et se réduit à faire une proportion dont 100, plus le taux de l'intérêt fixé, soit le premier terme, la somme donnée le second terme, et le taux de l'intérêt le troisième. Le quatrième terme sera le montant de la retenue à faire.

1er. *Exemple.* On propose de régler l'escompte d'une somme de 13900 fr. pour un an, à raison de 9 pour cent.

Nous ferons cette proportion : 109 : 13900 :: 9 : x.

Le nombre 109 du cadran intérieur étant placé sous le nombre 13900 du cadran extérieur, nous aurons pour quatrième terme correspondant au nombre 9 du cadran intérieur, 1148. Ce sera le montant de la retenue à faire.

2e. *Exemple.* Il s'agit de régler l'escompte à 1 et 1/2 pour cent par mois, d'un effet de commerce de 1500 fr., payable dans trois mois.

Nous commencerons par multiplier 1 et 1/2 ou 1.5 par 3, ce qui nous donnera 4.5, après quoi nous opérerons comme s'il était question de régler l'escompte d'une somme de 1500 fr. à 4.5 pour cent. En conséquence nous ferons cette proportion : 104.5 : 1500 :: 4.5 : x, pour quatrième terme de laquelle l'instrument nous donnera 64.6. Ce sera le montant de l'escompte.

3ᵉ. *Exemple.* On propose d'escompter un effet de 7280 fr. qui a 7 mois et 10 jours ou 7 mois et 1/3 de terme, à raison de 1 et 1/4 ou 1.25 pour cent par mois.

Multipliez d'abord 1.25 par 7.1/3 ou 7.33, ce qui donnera 9.16; puis opérez comme si vous aviez à prendre l'escompte de 7280 à 9.16 pour cent, au moyen de cette proportion : 109.16 : 7280 :: 9.16 : *x*, pour quatrième terme de laquelle vous trouverez 611 fr., qui sera le montant de l'escompte.

On peut conclure delà les règles à suivre pour déterminer l'escompte de plusieurs coupons d'intérêts à des termes réguliers d'échéance.

4ᵉ. *Exemple.* Il s'agit de régler l'escompte, à raison de 10 pour cent par an, de trois coupons d'intérêts de 1000 fr. chacun, dont l'un est à un an de terme, le second à 2 ans, et le troisième à 3 ans.

Vous trouverez la solution de cette question par les trois proportions suivantes :

        Pour la 1ʳᵉ. année . . 110 : 1000 :: 10 : 90.9
        Pour la 2ᵉ. . . . . . 120 : 1000 :: 20 : 167.
        Pour la 3ᵉ. . . . . . 130 : 1000 :: 30 : 231.

La somme des derniers termes de ces proportions   488.9   sera le montant de l'escompte.

Arrérages de Rentes.

On est quelquefois dans le cas de déterminer le prix de la cession des arrérages d'une rente, pendant un temps donné, à la charge d'un escompte. On se tromperait dans ce cas, si, considérant le montant des arrérages de chaque année comme des coupons d'intérêts, on voulait procéder de la même manière que dans le qua-

trième exemple de l'article précédent, parce que les arrérages
d'une rente échéant tous les jours, on ne peut en régler le prix
d'avance, qu'au moyen d'une progression décroissante.

La progression que l'on fera pour cela, aura pour raison le rapport de 100, plus le taux de l'escompte convenu à 100, et pour
premier terme le montant de la rente. La somme des termes suivants, égale au nombre des années pour lesquelles la rente est cé-
dée, sera la valeur des arrérages, déduction faite de l'escompte.

Exemple. On demande quel est le prix que l'on peut donner
d'une rente de 860 fr. dont le propriétaire consent à céder les
arrérages pour 7 ans, à raison d'un escompte de 7 pour cent.

La raison de la progression que l'on doit faire, sera 100 plus
7, c'est-à-dire 107, et le premier terme 860. En conséquence le
nombre 107 du cadran intérieur étant placé sous le nombre 100
du cadran extérieur, nous trouverons la progression suivante marquée $\div$ 860 : 805 : 752 : 703 : 657 : 614 : 574 : 537 , dont les
sept derniers termes ajoutés ensemble, donneront la somme de
4642 fr., qui sera le prix que l'on pourra payer comptant.

Voici quelle sera la disposition des cadrans dans lesquels les
termes de la progression se trouveront en correspondance, ainsi
qu'il suit :

Cadran extérieur.	100.	537.	574.	614.	657.	703.	752.	805.
Cadran intérieur.	107.	574.	614.	657.	703.	752.	804.	860.

et la somme cherchée est égale à celle de l'addition des termes
supérieurs.

Intérêts progressifs.

Il se présente quelquefois la question de savoir à combien s'é-
lèvera une somme donnée par l'accumulation continuelle des inté-

rêts au principal, pendant un certain nombre d'années ; ou bien on demande à combien elle se trouvera réduite après un temps donné, en supposant qu'elle décroisse annuellement de tant pour cent.

La solution de ces questions, et autres du même genre, par les voies ordinaires du calcul, exige des opérations longues et pénibles. On les abrège et on les simplifie beaucoup en se servant des logarithmes ; mais on ne sera pas fâché de trouver ici l'indication des procédés par lesquels on peut parvenir à les résoudre par le moyen seul de l'arithmographe, pourvu que l'on ne veuille pas les pousser très loin, et que l'on puisse se contenter de simples approximations, qui suffisent le plus souvent dans de pareilles matières.

1ᵉʳ. *Exemple.* Une somme de 7450 fr. placée à 5 pour cent par an, s'est accrue par l'accumulation des intérêts pendant 14 ans ; on demande à combien elle monte aujourd'hui.

L'accroissement s'est fait suivant une progression dont la raison est le rapport de 100 à 105.

En conséquence plaçant l'index sur le nombre 105 du cadran extérieur, et cherchant sur le même cadran le nombre correspondant à 7450, pris dans le cadran intérieur, nous trouverons que c'est 7820 ; et ce nombre sera le montant du capital à la fin de la première année.

Reprenant ce dernier nombre dans le cadran intérieur, nous trouverons qu'il correspond à 8210, qui sera le montant du capital à la fin de la seconde année.

Continuant de cette sorte jusqu'à 14 fois, nous trouverons marquée cette progression : ÷ 7450 : 7820 : 8210 : 8630 : 9050 : 9500 : 9980 : 10480 : 11000 : 11560 : 12150 : 12750 : 13400 : 14100 : 14800.

Ainsi au bout de 14 ans, le capital sera de 14800 fr., ce qui est à peu près exact.

On obtiendra le même résultat en suivant le procédé que nous avons indiqué à l'article des progressions.

La raison étant 1.05, élevez-la à sa quatorzième puissance qui sera 1.98; multipliez le nombre donné 7450 par 1.98, l'instrument vous donnera pour produit 14760, nombre qui diffère bien peu de celui trouvé tout à l'heure. Cette dernière méthode est préférable, parce qu'elle est moins susceptible d'erreurs, et d'ailleurs parce que, si l'on a plusieurs sommes différentes sur lesquelles on veut opérer, la puissance de la raison étant connue, on trouvera sur-le-champ les résultats que l'on n'obtiendrait sans cela, qu'après autant d'opérations que l'on aurait de ces sommes.

C'est par cette considération que nous avons placé à la suite de cet écrit une table qui donne jusqu'à la 10e. les puissances des nombres sur lesquels se règle le plus communément l'intérêt de l'argent, et avec le secours de laquelle on pourra trouver le montant de l'accroissement des capitaux, par l'accumulation des intérêts pendant tel nombre d'années qu'on voudra, comme on en pourra juger par l'exemple suivant :

2e. *Exemple.* Une somme de 5430 fr. a été placée originairement à 5 pour cent, on a laissé accumuler les intérêts pendant 37 ans, et l'on demande à combien monte aujourd'hui le capital.

Prenez dans la table IV la 10e. puissance de 5 pour cent, qui est 1.629, et placez l'index sur ce nombre ; cherchez ensuite le produit de ce même nombre par 5430, qui sera 8810, et ce sera le montant du capital à la fin de la dixième année; cherchez le produit du même nombre 1.629 par 8810, vous trouverez 14370, qui sera le montant du capital après la vingtième année. Cherchez encore le produit de ce même nombre 1.629 par 14370, vous aurez 23350, qui sera le montant du capital à la fin de la trentième année.

Il restera 7 années pendant lesquelles le capital s'est encore ac-

cru. Prenez dans table la 7e. puissance de 5 pour cent, qui est
1.407, et l'index étant placé sur ce nombre, vous trouverez que
le produit de sa multiplication par 23350 est 32700; ce sera le
montant du capital à la fin de la trente-septième année.

3e. *Exemple.* Un fonds se trouve aujourd'hui porté à 74000 fr.
par l'accumulation progressive des intérêts au capital, à raison de
5 pour cent par an; on désirerait savoir quel était le capital il y a
6 ans.

Cette question est l'inverse de celle du premier exemple, et l'on
opèrera de la même manière, si ce n'est que la progression étant
décroissante, au lieu de prendre le premier terme dans le cadran
intérieur, on le prendra dans le cadran extérieur, et l'on suivra
l'ordre rétrograde.

L'index étant placé sur le nombre 1.05 qui exprime la raison
de la progression, on en trouvera les termes marqués ainsi qu'il
suit :

Cad. extérieur. 1.05	58100.	61000.	64000.	67200.	70500.	74000.
Cad. intérieur. 1.	55300.	58100.	61000.	64000.	67200.	70500.

et l'on aura cette progression décroissante de six termes :

÷ 74000 : 70500 : 67200 : 64000 : 61000 : 58100 : 55300.

par laquelle on verra que le capital était originairement de 55300 fr.

On obtiendra le même résultat plus promptement par le procédé
que nous avons indiqué tout-à-l'heure.

Cherchez dans la table la sixième puissance de 5 pour cent,
qui est 1.341 ; placez ce nombre sous le nombre 74000 du cadran
extérieur, et l'index vous donnera pour quotient de la division
55300.

Si le capital était resté placé pendant un plus grand nombre
d'années, comme par exemple pendant 18 ans, on diviserait d'a-
bord le nombre donné par le nombre qui exprime la huitième puis-

sance du taux de l'intérêt, après quoi l'on diviserait encore le quotient de cette première division par la dixième puissance du même taux d'intérêt.

3e. Exemple. Un capital de 64000 fr. a décru pendant 7 années de 8 pour cent par an; on demande à combien il se trouve réduit aujourd'hui.

Dans les exemples précédents on a considéré les nombres comme croissant dans le rapport de 100 à 105, et en conséquence on a placé l'index sur 105; ici il faut considérer la progression comme décroissante dans le rapport des 100 à 100 moins 8 , c'est-à-dire à 92.

En conséquence nous placerons la flèche sur 92, et cherchant sur le cadran extérieur le nombre correspondant à 64000, pris dans le cadran intérieur, nous trouverons 58900. Nous prendrons ensuite ce dernier nombre sur le cadran intérieur, et nous trouverons que celui qui lui correspond, est 54200.

Continuant ainsi jusqu'à sept fois, nous aurons cette progression décroissante :

$$\div\; 64000:58900:54200:49800:45700:42100:38700:35700.$$

Ainsi, après 7 années, la somme de 64000 se trouvera réduite à 35700 , ce qui est à peu près exact.

Si l'on veut savoir de combien la somme a décru chaque année, on le trouvera , sans changer la disposition du cadran, en prenant pour premier terme d'une autre progression le nombre dont la somme a décru la première année, savoir: 5100, progression que l'on trouvera ainsi marquée :

$$\div\; 5100:4700:4330:3980:3660:3370:3100 \;(13).$$

4e. Exemple. Un fonds a décru chaque année de 8 pour cent, et se trouve, après 7 ans, réduit à 35700 fr. On demande quel était originairement le fonds placé.

Cette question est l'inverse de la précédente, et l'on opérera de la même manière, si ce n'est que l'on prendra les termes de la progression en sens inverse.

Opérations de Banque et de Change.

L ES personnes versées particulièrement dans la science des changes, trouveront facilement le moyen de faire l'application de l'arithmographe à toutes les opérations qui y sont relatives ; en conséquence nous nous contenterons d'en indiquer ici la marche par quelques exemples.

Il ne faut pas qu'on s'attende à obtenir par ce moyen des résultats d'une exactitude rigoureuse ; nous répéterons encore ici que notre instrument ne peut donner que des approximations ; mais il est une infinité de circonstances dans lesquelles ces approximations peuvent suffire, même dans les opérations de banque, où le plus souvent on n'a besoin que de voir rapidement, et pour ainsi dire, d'un coup d'œil, si une opération peut être utile ou non, sauf à s'assurer ensuite, par un calcul exact, des véritables résultats.

Du Change simple (*).

1er. *Exemple.* O n demande combien 54 pistoles de 32 réaux de Cadix font de piastres de change de 8 réaux.

Vous trouverez la réponse à cette question par une simple proportion : $8 : 32 :: 54 : x$, dont le quatrième terme 216 sera le nombre de piastres qu'il faut pour valoir 54 pistoles.

(*) Nous supposons que pour faire toutes les opérations de cet article, et autres du même genre, on a sous les yeux les tables des rapports des différentes monnaies, tables qui se trouvent dans tant d'ouvrages publiés sur cet objet, que nous n'avons pas jugé à propos de les insérer à la suite de celui-ci.

2ᵉ. *Exemple*. Le change de Paris sur Hambourg étant de 192 fr. pour 100 marcs-lubs, on demande combien 1254 francs font de marcs-lubs.

Placez le nombre 192 du cadran intérieur sous le nombre 100 du cadran extérieur, vous aurez cette proportion marquée : 192 : 100 :: 1254 : 653. La réponse à la question sera 653 marcs-lubs.

3ᵉ. *Exemple*. On propose de changer 417 florins de Vienne en francs, au change de 24 kreutzers par franc, le florin valant 60 kreutzers.

Placez le nombre 24 sous le nombre 60 du cadran extérieur, vous trouverez marquée cette proportion : 24 : 60 :: 417 : 1042. Réponse 1042 francs.

4ᵉ. *Exemple*. On propose encore de changer 54300 francs en livres sterlings, au cours de 30 1/4 deniers sterl. pour 3 francs.

Posez une règle conjointe, savoir :

$$3 \ francs \ : \ 30.25 \ deniers \ sterl.$$
$$240 \ den. \ st.. \ : \quad 1. \quad liv. \ sterl.$$
$$\overline{720 \qquad\qquad 30.25}$$

Placez le nombre 720 sous le nombre 30.25 du cadran extérieur, vous aurez cette proportion marquée : 720 : 30.25 :: 54300 : 2280, qui vous fera connaître que la réponse à la question proposée est 2260 liv. sterl.

Changes composés.

1ᵉʳ. *Exemple*. Le cours de Paris sur Amsterdam étant à 56. 3/4 deniers de gros pour 3 francs, celui d'Amsterdam sur Londres de 36 sols 1 denier de gros pour 1 liv. sterl.; on demande quel sera le cours de Paris sur Londres.

On commencera par poser la règle conjointe ci-après :

$$3 \ francs \quad : \quad 56.75$$
$$12 \ deniers \quad : \quad 1 \ sou.$$
$$36.083 \ sous \quad : \quad 1 \ l. \ st.$$
$$1 \ liv. \ st. \quad : \quad 240 \ den., \text{ combien } 3 \ francs \ ?$$

Multipliez les antécédents en posant d'abord la flèche sur le nombre 3 du cadran extérieur, puis en la replaçant sur le nombre correspondant à 12, qui est 36, et vous trouverez pour correspondant à 36.083 le nombre 1300.

Multipliez de même les conséquents, en posant la flèche sur 56.75, et en prenant pour produit le nombre du cadran extérieur, correspondant à 240, qui est 13620.

Placez le nombre 1300 sous le nombre 13620, vous aurez cette proportion marquée : 1300 : 13620 :: 3 : 31.5.

Ainsi la réponse à la question sera 31. 1/2 deniers sterl. pour 3 francs. On aurait par un calcul plus exact 31.45.

2ᵉ. *Exemple.* On demande combien 4940 liv. de Milan font de ducats de banque de Venise, au cours de 157 marchetis banco pour 117 sous impériaux.

Posez la règle conjointe :

$$1 \ liv. \ Milan. \quad : \quad 20 \ sous \ cour.$$
$$150 \ sous \ cour. \quad : \quad 106 \ sous \ imp.$$
$$117 \ sous \ imp. \quad : \quad 157 \ marchetis.$$
$$124 \ marchetis \quad : \quad 1 \ ducat; \text{ comb. } 4940 \ liv.?$$

Placez l'index sur 150, puis sur le point correspondant à 117, vous trouverez que le nombre correspondant à 124, est 2176. Ce sera le produit des antécédents.

Placez l'index sur 20, puis sur le nombre correspondant à 106, vous trouverez que le nombre correspondant à 1.57, est 3.33.

Placez le nombre 1.57 sous le nombre 3.33, vous trouverez marquée cette proportion : 2176 : 333 :: 4940 : 755, dont le quatrième terme 755 sera le nombre de ducats demandé.

6.

Ces exemples suffisent pour faire connaître la manière dont on doit opérer dans tous les cas du même genre, et nous ne les mul‑tiplierons pas davantage.

***

Des Lignes proportionnelles.

Les lignes sont entre elles dans le rapport des nombres d'une même échelle, par lesquelles on peut les représenter ; ainsi une ligne de 2 décimètres de longueur est avec une autre de 7 déci‑mètres dans le rapport de 2 à 7.

On pourra donc se procurer, par le moyen de l'arithmographe, autant de lignes proportionnelles que l'on voudra, lorsqu'on con‑naîtra ou que l'on aura établi le rapport qui doit être entre elles.

1er. *Exemple.* Soient trois lignes données, l'une de 5 mètres et 4 dixièmes (*mèt.* 5.4), la seconde de 65 mèt. et la troisième de 84, que l'on veut représenter par trois autres lignes qui leur soient proportionnelles dans le rapport de 2 à 7.

Placez le nombre 7 du cadran intérieur sous le nombre 2 du cadran extérieur, vous trouverez marquées les proportions sui‑vantes :

$$7 : 2 :: \begin{cases} 5.4 : & 1.545 \\ 65. & : 18.6 \\ 84. & : 24. \end{cases}$$

Ainsi les trois lignes demandées seront : la première, *mèt.* 1.545 ; la seconde, 18.6 ; et la troisième, 24.

On voit d'abord combien de facilités on trouvera dans l'usage de notre instrument, dans tous les cas où l'on a besoin de lignes proportionnelles, puisqu'il dispensera de recourir aux angles et aux échelles de réduction, aux triangles semblables, et autres pro‑cédés dont l'emploi est souvent embarrassant et moins sûr.

2ᵉ. *Exemple.* Soit le plan d'un objet quelconque que l'on veut réduire sur une échelle plus petite dans le rapport de 1 à 6.

Placez le nombre 6 du cadran intérieur sous le point 1 du cadran extérieur ; mesurez la première ligne que vous voulez représenter, et l'ayant trouvée, par exemple, de 145 millimètres, prenez sur le cadran extérieur le nombre correspondant à 145, qui est 24.13. La ligne que vous tracerez d'une longueur de *mill.* 24.13, sera avec la première dans le rapport de 1 à 6.

Vous pourrez ainsi reporter sur le papier toutes les lignes du plan donné, sans changer la disposition de l'instrument, qui sera une véritable échelle de réduction.

3ᵉ. *Exemple.* Soit A B C, fig. 4, un triangle que l'on veut représenter dans des proportions plus grandes, dans le rapport de la ligne *a b*, fig. 5, avec la ligne A B.

Mesurez la ligne A B, que nous supposerons de 27 millim. Mesurez aussi la ligne *a b*, que nous supposerons de 50 millim.

Placez le nombre 27 du cadran intérieur sous le nombre 50 du cadran extérieur, puis mesurant la ligne A C, que nous supposerons de millim. 14.5, cherchez sur le cadran extérieur le nombre correspondant à 14.5 ; vous trouverez 26.85

Prenez une ouverture de compas de millim. 26.85, et du point *a* comme centre, décrivez un arc de cercle indéfini.

Mesurez également la ligne B C, que nous supposons de millim. 21 ; cherchez sur le cadran extérieur le nombre correspondant à 21, qui est 39 ; prenez une nouvelle ouverture de compas de 39 millim. et du point *b* comme centre ; décrivez un arc de cercle qui coupera le premier en *c* ; menez les lignez *a c* et *b c* ; le triangle *a b c* sera semblable au triangle A B C, et les côtés correspondants de ces deux triangles, seront entre eux dans le rapport des lignes A B et *a b*.

On conçoit sans peine que ce que nous venons de faire sur une figure aussi simple, on pourrait le faire de même sur des figures, quelque compliquées qu'elles fussent, et par conséquent qu'on se servira avec avantage de ce moyen pour la réduction des plans et de toute autre espèce de dessins. L'emploi que j'en fais depuis long-temps m'autorise à assurer qu'il est plus expéditif et plus sûr que tout autre.

Rapports des surfaces et des figures semblables.

Lorsqu'il est question de comparer des surfaces qui n'étant point terminées par des lignes proportionnelles, et semblablement disposées les unes à l'égard des autres, ne forment point des figures semblables, on n'a d'autre moyen que de mesurer ces surfaces et de comparer les nombres qui en expriment la grandeur.

Ainsi, par exemple, si je veux connaître en quel rapport sont deux champs dont les figures irrégulières n'ont aucune similitude, il faut que je mesure ces deux champs, et ayant trouvé, par exemple, la contenance de l'un de 5400 mètres carrés, et celle de l'autre de 18900, je saurai en quel rapport sont ces deux champs, en plaçant le nombre 5400 sous le nombre 18900 du cadran extérieur, et en cherchant des yeux quels sont les nombres les plus simples qui coïncident le plus exactement ; je trouverai ici que ce sont les nombres 2 et 7. Ainsi je dirai que ces deux champs sont entre eux dans le rapport de 2 à 7.

Mais lorsqu'il s'agit de comparer ensemble ou de construire des figures semblables et proportionnelles, on n'a pas besoin de les mesurer ; nous allons expliquer comment on pourra y parvenir à l'aide de l'arithmographe.

Les opérations de ce genre sont fondées sur cette règle, que les côtes des homologues qui terminent les surfaces des figures semblables sont entre eux comme les racines carrées des nombres qui expriment ces surfaces.

1er. *Exemple.* On propose de construire un carré qui soit double d'un autre, dont les côtés ont 25 centimètres de longueur ; c'est-à-dire que le carré demandé doit être avec le carré donné dans le rapport de 2 à 1.

Cherchons la racine carrée de 2, qui est 1.415 , et plaçons la flèche sur ce nombre ; nous trouverons pour nombre correspondant à 25 , côté du carré donné , 35.4. Le carré que nous construirons sur une ligne de *centim.* 35.4 , sera double du carré demandé.

2e. *Exemple.* On demande en quel rapport sont deux carrés dont l'un a 25 centimèt. de côté, et l'autre 35.4

Le nombre 25 du cadran intérieur étant placé sous le nombre 35.4 , nous aurons cette proportion : 25 : 35.4 :: 1 : 1.415

Le quatrième terme 1.415 de cette proportion étant la racine carrée du nombre qui exprime le rapport des deux figures, nous multiplierons 1.415 par lui-même, ce qui nous donnera cette nouvelle proportion : 1 : 1.415 :: 1.415 : 2, par où nous verrons que le rapport des deux carrés est de 1 à 2.

3e. *Exemple.* Étant donné , un hexagone irrégulier, dont les côtés mesurés en mètres sont 65, 23, 31 , 54 , 79 et 15 , on propose de construire un hexagone semblable, mais plus grand dans le rapport de 5.3 à 1.

Vous chercherez la racine carrée de 5.3, qui est à très peu près 2.3, et l'index étant placé sur ce nombre , vous trouverez marquées les proportions suivantes :

$$
1 \quad 2.3 :: \left\{
\begin{array}{rcl}
65 & : & 149.9 \\
23 & : & 53. \\
31 & : & 71.4 \\
54 & : & 124.3 \\
79 & : & 182. \\
15 & : & 34.5
\end{array}
\right.
$$

La figure que vous construirez avec les nouveaux côtés, indiqués par le quatrième terme de chaque proportion, sera un hexagone semblable au premier, mais plus grand dans le rapport de 5.3 à 1.

4ᵉ. *Exemple.* On propose de faire un cercle dont la surface soit 245 fois plus petite que celle d'un autre cercle donné, dont le diamètre est de 970 mètres.

Cherchez la racine carrée de 245, qui est à très peu près 15.66, et plaçant ce nombre sous le point 1 du cadran extérieur, vous trouverez marquée cette proportion : 15.66 : 1 :: 970 : 62, par laquelle vous verrez que le cercle demandé doit avoir de diamètre 62 mètres.

5ᵉ. *Exemple.* On propose de construire une ellipse dont la superficie soit 9 fois plus petite que celle d'une autre ellipse semblable, dont le grand axe est de 53 mètres, et le petit de 32.

Cherchons la racine carrée de 9, qui est 3, et la flèche étant placée sur ce nombre 3, nous aurons marquées les proportions suivantes :

$$3 : 1 :: \begin{cases} 53 : 17.64 \; \textit{grand axe.} \\ 32 : 10.66 \; \textit{petit axe.} \end{cases}$$

L'élipse que nous construirons sur ces deux nouveaux axes, sera semblable à la première ; mais sa superficie sera 9 fois plus petite.

Des rapports des solidités et des solides semblables.

Lorsqu'on veut connaître en quel rapport sont deux solides qui ne sont point semblables, il faut les mesurer et comparer les nombres qui expriment leur solidité ; comparaison qui se fera avec l'arithmographe par le même procédé que celle qui a pour objet les surfaces.

Les opérations qui ont pour objet de construire des solides sem-blables et proportionnels, ou de connaître en quel rapport sont des solides semblables, sont fondées sur ce principe, que les dimensions homologues des solides semblables sont entre elles comme les racines cubiques des nombres qui en expriment le rapport. Ainsi, on procédera pour les solides avec les racines cubiques comme on a procédé pour les surfaces avec les racines carrées.

1er. *Exemple.* On propose de construire un cube 7 fois plus grand qu'un autre dont les côtés ont 25 centimètres de longueur.

Cherchez la racine cubique de 7, qui est à peu près 1.91. L'index étant placé sur ce nombre, vous trouverez marquée cette proportion : 1 : 1.91 :: 27 : 51.6

Le cube que vous construirez sur une ligne de *centim.* 51.6, sera 7 fois plus grand que le cube donné.

2e. *Exemple.* Il s'agit de trouver en quel rapport sont deux cubes de grandeur différente, dont l'un a 27 centimèt. de côté, et l'autre 51.6.

Le nombre 27 étant placé sous le nombre 51.6 du cadran extérieur, vous trouverez marquée cette proportion : 27 : 51.6 :: 1 : 1.91, dont le quatrième terme 1.91, multiplié par son carré 3.65, vous donnera pour produit 7, et ce dernier nombre sera le rapport demandé ; c'est-à-dire que ces deux cubes seront entre eux dans le rapport de 1 à 7.

3e. *Exemple.* On voudrait construire un parallélipipède 180 fois plus grand qu'un autre, dont les dimensions sont, savoir : hauteur 29 centimètres, longueur 5, et largeur 8.

Cherchez la racine cubique de 180, qui est à peu près 5.65 ; la flèche étant placée sur ce nombre 5.65, vous aurez marquée cette proportion :

$$1 : 5.65 :: \begin{cases} 29 : 163.5 \ \textit{hauteur.} \\ 5 : 28.2 \ \textit{longueur.} \\ 8 : 45.1 \ \textit{largeur.} \end{cases}$$

Le parallélipède que l'on construira sur ses dimensions nou-velles, sera semblable au premier et 180 fois plus grand.

4e. *Exemple.* Étant donnés, deux cylindres proportionnels, dont l'un a 15 centimèt. de diamètre et 28 de hauteur, et l'autre 147.7 de diamètre et 275.5 de hauteur, on demande en quel rapport ils sont.

Nous placerons le nombre 15 du cadran intérieur sous le nombre 147.7 du cadran extérieur, ou bien le nombre 28 sous le nombre 275.5, et nous aurons ces proportions marquées :

$$\left.\begin{array}{l} 15 \;:\; 147.7 \\ 28 \;:\; 275.5 \end{array}\right\} \;::\; 1 \;:\; 9.84$$

Le quatrième terme 9.84, multiplié par son carré 96.6, don-nera pour produit 950, qui sera l'expression du rapport des deux cylindres, c'est-à-dire qu'ils seront entre eux dans le rapport de 1 à 950.

5e. *Exemple.* On propose de construire une sphère dont le volume soit 4 fois plus grand que celui d'une autre sphère, dont le diamètre est de 5 décimètres.

Cherchez la racine cubique de 4, qui est 1.59; placez l'index sur ce nombre, vous aurez marquée cette proportion : 1 : 1.59 :: 5 : 7.93

La sphère que vous construirez sur ce diamètre 7.93, aura un volume 4 fois plus grand que celui de la sphère donnée.

Du Cercle, du Cylindre, de la Sphère.

On fera avec avantage usage de notre instrument dans toutes les opérations qui auront pour objet de mesurer la circonférence ou la superficie du cercle, la superficie ou la solidité d'un cylindre ou d'une sphère, ou de déterminer le diamètre qu'il convient de don-

ner à un cercle pour qu'il ait une circonférence ou une superficie
donnée, le diamètre d'un cylindre, d'une solidité donnée dont on
connaît la hauteur ou *vice versá*, celui d'une sphère dont la solidité ou la superficie est donnée, en faisant pour cela usage des
rapports qui sont indiqués dans la table VI ci-après. Voici quelques exemples de ces opérations:

1er. *Exemple.* On demande quelle est la circonférence d'un
cercle dont le diamètre est de 53 centimètres.

Cherchez dans la table VI le rapport du diamètre du cercle à la
circonférence, qui est 3.142. Placez l'index sur ce nombre, vous
trouverez marquée cette proportion: 1 : 3.142 :: 53 : 166.5, dont
le quatrième terme: *centimèt.* 166.5, exprimera la circonférence
du cercle.

2e. *Exemple.* On désire savoir quel est le diamètre d'un cercle
dont la circonférence est de 219 millimètres.

L'index étant placé sur le nombre 3.142, comme dans l'exemple précédent, vous trouverez cette proportion marquée (*):
3.142: 1 :: 219 : 69.7, dont le quatrième terme 69.7 vous fera
connaître que le diamètre cherché est de: *millimèt.* 69.7

3e. *Exemple.* Étant donné, un cercle dont le diamètre est de
84 millimètres, on demande quelle est sa superficie.

Cherchez dans la table VI le rapport du carré du diamètre du
cercle à sa superficie, qui est 0.785; faites le carré du diamètre 84,
qui est 7056; placez ensuite l'index sur 78.6; vous aurez marquée
cette proportion : 1 : 0.786 :: 7056 : 5540, dont le quatrième
terme 5540 exprimera en millimètres carrés la superficie du cercle
donné.

(*) On voit que cette proportion est inverse, et que le premier et le troisième
termes sont sur le cadran extérieur , tandis que le second et le quatrième sont sur
le cadran intérieur.

4ᵉ. *Exemple*. On demande quel diamètre il faut donner à un cercle pour qu'il ait 5540 millimètres carrés de superficie.

Placez l'index sur 785, comme dans l'exemple précédent, vous aurez cette proportion inverse : 0.785 : 1 :: 5540 : 7060.

Tirez la racine carrée de 7060, vous trouverez 84 ; ce qui sera le diamètre cherché.

5ᵉ. *Exemple*. On demande quelle serait la superficie d'un cylindre qui aurait 264 millimètres de diamètre et 342 de hauteur.

Cherchez, par l'exemple 1ᵉʳ., la circonférence d'un cercle de 264 millimètres de diamètre, vous trouverez 828 ; multipliez 828 par la hauteur 342, vous aurez la superficie demandée, qui sera 283000.

6ᵉ. *Exemple*. Soit un cylindre de 35 millimètres de diamètre et 44 de hauteur, dont on demande la solidité.

Placez l'index sur le nombre 35 ; ramenez-le sur celui qui en exprime le carré, savoir : 1225. Examinez quel est le point du cadran extérieur auquel correspond le nombre 0.785, qui exprime le rapport du carré du diamètre à la superficie du cercle, vous trouverez que ce nombre est 962. Placez l'index sur ce nombre 962, vous trouverez marquée cette proportion : 1 : 962 :: 44 : 42300.

Le cylindre dont il s'agit aura 42300 millimètres cubes de solidité.

7ᵉ. *Exemple*. La hauteur d'un cylindre étant fixée à 45 millimètres, on demande quel diamètre il faut lui donner pour que sa solidité soit de 3200 millimètres cubes.

La solidité d'un cylindre étant le produit de sa base par sa hauteur, nous commencerons par diviser 3200 par 45. Le quotient 71 sera la superficie de la base.

Placez l'index sur 0.785, rapport du carré du diamètre à la superficie du cercle, vous aurez cette proportion indiquée : 0.785 :

: :: 71 : 90.5. Cherchez la racine carrée de 90.5, vous trouverez
9.52; ce sera le diamètre demandé.

8ᵉ. *Exemple.* On propose de déterminer la superficie d'une
sphère, dont le diamètre est de 57 décimètres.

Vous trouverez dans la table VI que le carré du diamètre est à
la superficie de la sphère dans le rapport de 1 à 3.142

Faites en conséquence le carré de 57, que vous trouverez 3250,
puis faites cette proportion: 1 : 3.142 :: 3250 : 10200, dont le
quatrième terme 10200 sera l'expression de la superficie de la
sphère.

9ᵉ. *Exemple.* Étant donnée, une sphère de 57 décimètres de diamètre, on propose d'en déterminer la solidité.

Faites le cube du diamètre 57, qui est 185200. Placez l'index
sur ce nombre 185200, puis cherchez sur le cadran extérieur le
nombre correspondant à 0.5235, rapport du cube du diamètre à
la solidité de la sphère, vous trouverez 97000 décimètres cubes.
Vous aurez en effet cette proportion marquée: 1 : 185200 ::
0.5235 : 97000. Un calcul exact donnerait 96948.54; l'erreur
n'est que de 5 dix-millièmes.

Du Jaugeage des tonneaux.

LES opinions qui, jusqu'à ces derniers temps, avaient été peu
concordantes sur les véritables principes du jaugeage des tonneaux, ont enfin été fixées par l'instruction publiée par ordre du
gouvernement, en 1799.

Selon cette instruction, le tonneau dont on veut évaluer la contenance, doit être réduit à la forme d'un cylindre qui aurait pour
hauteur la longueur interne de la futaille, et pour diamètre celui
du bouge, moins le tiers de la différence qui se trouve entre ce
diamètre et celui des fonds.

Cela posé, on voit d'abord avec quelle facilité on peut, au moyen de l'arithmographe, évaluer la contenance de toutes sortes de tonneaux, puisque l'opération ne diffère point de celle que nous avons faite pour évaluer la solidité d'un cylindre.

1ᵉʳ. *Exemple.* On suppose un tonneau dont le bouge a de diamètre 840 millimètres et les fonds 750, et dont la longueur intérieure est 944.

Suivant l'instruction, nous commencerons par observer quelle est la différence entre le diamètre du bouge et celui des fonds. Cette différence est 90 millimètres. Nous en prendrons le tiers qui est 30, et retranchant ce tiers du diamètre du bouge 840, il restera 810 pour le diamètre moyen.

Nous formerons le carré de ce diamètre moyen 810, en multipliant ce nombre par lui-même ; ce qui nous donnera 656100 millimètres carrés, ou : *décimèt. car.* 65.61

Nous chercherons dans la table VI, le rapport du carré du diamètre à l'aire du cercle, qui est 0.785. Nous placerons l'index sur ce nombre, et cherchant celui auquel correspond le diamètre carré 65.61, nous trouverons marquée cette proportion : 1 : 0.785 : 65.61 : 51.5

Nous ramènerons l'index sur ce nombre 51.5, et prenant dans le cadran extérieur le nombre auquel correspond celui qui exprime la longueur interne, *décim.* 9.44, nous trouverons marquée cette nouvelle proportion : 1 : 51.5 :: 9.44 : 486, dont le quatrième terme 486, nous fera connaître que la contenance du tonneau est de 486 décimètres cubes ; et comme chaque décimètre cube est la même chose qu'un litre, nous pourrons donc dire que la contenance du tonneau est de 486 litres (*).

––––––––––––––––––

(*) Il est bien entendu que pour obtenir des litres, il faut que les dimensions soient mesurées avec l'échelle du mètre.

Ces opérations, dont le détail est long, se font cependant avec une grande célérité dans la pratique, parce qu'on n'a besoin ni de s'inquiéter de la valeur des nombres, ni de les écrire. C'est ce dont on pourra juger par l'exemple suivant :

2°. *Exemple.* On voudrait connaître la contenance d'un tonneau dont le diamètre moyen est de *décim.* 5.8, et la longueur intérieure 6.7

Placez l'index sur le nombre 5.8 ; ramenez-le sur le point auquel correspond, sur le cadran extérieur, le même nombre 5.8, pris dans l'intérieur, et qui est 3.36 ; ramenez encore l'index sur le point du cadran extérieur, auquel correspond 7.85, qui est 2.64 ; enfin, ramenez-le encore sur ce point 2.64, et cherchant des yeux le point du cadran extérieur, auquel correspond le nombre 6.7, qui exprime la longueur intérieure, vous trouverez que c'est 1.74, et attendu que le volume du tonneau indique assez que sa contenance ne peut être ni de 17 litres et 4 dixièmes, ni de 1740 litres, vous en conclurez qu'elle est de 174 (14).

Comme toutes les opérations de l'arithmétique se rapportent, plus ou moins directement, à quelques unes de celles dont nous avons donné des exemples, nous ne multiplierons pas davantage ces exemples, et nous terminerons cet écrit par des tables, dans lesquelles nous avons essayé de réunir tous les rapports dont on est dans le cas d'avoir le plus communément besoin.

TABLE PREMIÈRE.

Rapports des anciennes mesures de Paris, avec les nouvelles.

MESURES DE LONGUEUR.

La lieue de 25 au degré, vaut en *kilomètres* 4.444
La lieue de poste, ou de 2000 toises, *idem.* . . . . . ı . 3.898
La lieue marine de 20 au degré, *idem.* 5.556
La toise vaut en *mètres.* 1.949
Le pied, en *décimètres* 3.248
Le pouce, en *centimètres* 2.707
La ligne, en *millimètres* 2.256
L'aune, en *mètre* 1.188

MESURES DE SUPERFICIE.

La lieue carrée de 25 au degré, en *kilomét. car.* . . . 19.75
L'arpent de 22 pieds par perche, en *ares* 51.07
— de 20 pieds par perche, *idem* 42.21
— de 19 pieds 6 pouces par perche, *idem* 40.13
— de 19 pieds 4 pouces par perche, *idem* 39.44
— de 18 pieds 4 pouces par perche, *idem* 35.47
— de 18 pieds, *idem* 34.19

Nota. La valeur de la perche carrée de chacun de ces arpents est en *centiares* ou *mètres carrés*, la même que celle de l'arpent en *ares*.

La toise carrée vaut en *mètres carrés* 3.799
Le pied carré vaut en *décimètres carrés* 10.552
Le pouce carré vaut en *centimètres carrés* 7.328
La ligne carrée vaut en *millimètres carrés* 5.089
L'aune carrée vaut en *mètres carrés* . . . . : . 1.412

MESURES DE SOLIDITÉ.

La toise cube vaut en *mètres cubes* ou *stères* 7.404
Le pied cube vaut en *décimètres cubes*. 34.28
Le pouce cube vaut en *centimètres cubes* 19.84
La ligne cube vaut en *millimètres cubes* 11.48
La solive vaut en *décistère* ou *solive métrique*. . . 1.028
La corde des eaux et forèts vaut en *stères* 3.839

MESURES DE CAPACITÉ POUR LES GRAINS.

Le boisseau vaut en *décalitre* 1.300
Le litron ou 16e. du boisseau vaut en *décilitres*. . . 8.128
Le setier de 12 boisseaux vaut en *hectolitre* 1.560
Le muid de 12 setiers vaut en *kilolitre* 1.872
Le minot de 3 boisseaux vaut en *décalitres* 3.900
— de 6 boisseaux , vaut en *idem*. 7.800
— de 8 boisseaux vaut en *idem*. 10.400

MESURES DE CAPACITÉ POUR LES LIQUIDES.

La pinte vaut en *litre*. 0.9313
Le muid de 288 pintes , en *hectolitres* 2.682
La pinte , dite de St. Denis, en *litre*. 1.465

Nota. Ces valeurs sont conformes au résultat de la vérification faite sur les étalons de la pinte et du boisseau de Paris, par les commissaires nommés à cet effet; mais comme plusieurs auteurs ont établi des calculs sur la supposition que la pinte de Paris était de 48 pouces cubes, et le boiseau de 640, il est bon que l'on trouve ici la valeur en nouvelles mesures de ces anciennes mesures d'opinion.

Boisseau supposé de 640 pouces cubes, en *décalitre*. 1.269
Pinte supposée de 48 pouces cubes , en *litre*. 0.952

POIDS.

Le tonneau de mer , considéré comme poids de 2 milliers , vaut
    en *myriagrammes* 97.9

Le millier en *myriagrammes* 48.95
Le quintal en *myriagrammes* 4.895
La livre, poids de marc, en *hectogrammes* 4.895
Le marc en *hectogrammes*. 2.448
L'once en *décagrammes* 3.059
Le gros en *grammes*. 3.824
Le grain en *centigrammes* 5.312
Le 16ᵉ. de grain en *milligrammes* 3.32
Le karat en *décigrammes* 2.052

MONNAIES.

La livre tournois vaut en *franc* 0,988
La pièce de 3 livres en *francs* 2.96
— de 6 livres en *francs*. 5.93
La pièce d'or de 24 livres vaut en *francs*. 23.70

TITRE DE L'OR ET DE L'ARGENT.

Le karat de fin vaut en *milliémes de fin* 41.7
Le 32ᵉ. . . . . *idem*. 1.303
Le denier . . . . *idem*. 83.3
Le grain . . . . *idem*. 3.47

TABLE DEUXIÈME.

Réduction des fractions ordinaires en fractions décimales, depuis 1/2 jusqu'à 1/100.

Nota. On ne porte ici que le dénominateur de chaque fraction, le numérateur étant toujours supposé l'unité. Ainsi 2ᵉ. signifie un demi ; 9ᵉ. un neuvième ; 52ᵉ. un cinquante-deuxième, etc.

2ᵉ.	0.5	25ᵉ.	0.04	48ᵉ.	0.0208
3ᵉ.	0.333	26	0.0385	49ᶜ.	0.0204
4ᵉ.	0.25	27ᶜ.	0.037	50ᵉ.	0.02
5ᵉ.	0.2	28ᵉ.	0.0357	51ᵉ.	0.0196
6ᵉ.	0.1667	29ᵉ.	0.0345	52ᵉ.	0.0192
7ᵉ.	0.1429	30ᶜ.	0.0333	53ᵉ.	0.0189
8ᵉ.	0.125	31ᶜ.	0.0323	54ᶜ.	0.0185
9ᵉ.	0.1111	32ᵉ.	0.0312	55ᵉ.	0.0182
10ᵉ.	0.1	33ᶜ.	0.0303	56ᶜ.	0.0179
11ᵉ.	0.0909	34ᶜ.	0.0294	57ᵉ.	0.0175
12ᵉ.	0.0833	35ᵉ.	0.0286	58ᵉ.	0.0172
13ᵉ.	0.0769	36ᵉ.	0.0278	59ᶜ.	0.0169
14ᵉ.	0.0714	37ᵉ.	0.027	60ᵉ.	0.0167
15ᵉ.	0.0667	38ᵉ.	0.0263	61ᵉ.	0.0164
16ᶜ.	0.0625	39ᵉ.	0.0256	62ᵉ.	0.0161
17ᶜ.	0.0588	40ᶜ.	0.025	63ᵉ.	0.0159
18ᶜ.	0.0556	41ᶜ.	0.0244	64ᵉ.	0.0156
19ᶜ.	0.0526	42ᵉ.	0.0238	65ᵉ.	0.0154
20ᵉ.	0.05	43ᵉ.	0.0233	66ᵉ.	0.0152
21ᵉ.	0.0476	44ᵉ.	0.0227	67ᵉ.	0.0149
22ᵉ.	0.0455	45ᵉ.	0.0222	68ᵉ.	0.0147
23ᶜ.	0.0435	46ᵉ.	0.0217	69ᵉ.	0.0145
24ᵉ.	0.0417	47ᶜ.	0.0213	70ᵉ.	0.0143

71e. . . . 0.0141	81e. . . . 0.0123	91e. . . . 0.011
72e. . . . 0.0139	82e. . . . 0.0122	92e. . . . 0.0109
73e. . . . 0.0137	83e. . . . 0.012	93e. . . . 0.0108
74e. . . . 0.0135	84e. . . . 0.0119	94e. . . . 0.0106
75e. . . . 0.0133	85e. . . . 0.0118	95e. . . . 0.0105
76e. . . . 0.0132	86e. . . . 0.0116	96e. . . . 0.0104
77e. . . . 0.013	87e. . . . 0.0115	97e. . . . 0.0103
78e. . . . 0.0128	88e. . . . 0.0114	98e. . . . 0.0102
79e. . . . 0.0127	89e. . . . 0.0112	99e. . . . 0.0101
80e. . . . 0.0125	90e. . . . 0.0111	100e. . . . 0.01

TABLE TROISIÈME.

Puissances des nombres simples, depuis la 1re. jusqu'à la 10e.

1re.	2e.	3e.	4e.	5e.	6e.	7e.	8e.	9e.	10e.
2	4	8	16	32	64	128	256	512	1024
3	9	27	81	243	729	2187	6561	19683	59049
4	16	64	256	1024	4096	16384	65536	262144	1048576
5	25	125	625	3125	15625	78125	390625	1953125	9765625
6	36	216	1296	7776	46656	279936	1679616	10077696	60466176
7	49	343	2401	16807	117649	823543	5764801	393353607	275475249
8	64	512	4096	32768	262144	2097152	16777216	134217728	1073741824
9	81	729	6561	59049	531441	4782969	43046721	387420489	3486784401
10	100	1000	10000	100000	1000000	10000000	100000000	1000000000	10000000000

TABLE TROISIÈME.

TABLE QUATRIÈME.

Puissances des nombres qui expriment les rapports sur lesquels se règle communé-ment l'intérêt de l'argent.

Pour cent.	1ʳᵉ.	2ᵉ.	3ᵉ.	4ᵉ.	5ᵉ.	6ᵉ.	7ᵉ.	8ᵉ.	9ᵉ.	10ᵉ.
2	1.02	1.04	1.061	1.082	1.104	1.126	1.149	1.172	1.196	1.219
2 1/2	1.025	1.048	1.077	1.104	1.131	1.160	1.189	1.218	1.249	1.208
3	1.03	1.070	1.093	1.110	1.159	1 194	1.230	1.267	1.305	1.344
3 1/2	1 035	1.071	1.109	1.148	1.188	1.229	1.272	1.317	1.363	1.411
4	1.04	1.082	1.125	1.170	1.217	1.265	1.316	1.369	1.423	1.480
4 1/2	1.045	1.092	1.141	1.193	1.246	1.302	1.361	1.422	1.486	1.553
5	1.05	1.102	1.158	1.216	1.276	1.341	1.407	1.478	1.551	1.629
5 1/2	1.055	1.113	1.174	1.239	1.307	1.379	1.455	1.535	1.619	1.708
6	1.06	1.124	1.191	1.263	1.337	1.419	1.504	1.594	1.690	1.793
6 1/2	1 065	1 134	1.208	1.286	1.339	1.459	1.554	1.655	1.763	1.877
7	1.07	1.145	1 225	1.311	1.403	1.501	1.606	1.718	1.838	1.967
7 1/2	1.075	1.156	1.242	1.336	1.436	1.543	1.659	1.784	1.917	2.061
8	1.08	1.166	1.259	1.361	1.469	1.587	1.714	1.851	1.999	2.159
8 1/2	1.085	1.177	1.277	1.386	1.504	1.631	1.770	1.921	2.084	2.261
9	1.09	1.188	1.295	1.412	1.539	1.677	1.828	1.993	2.172	2.367
9 1/2	1.095	1.199	1.315	1.458	1.574	1.724	1.888	2.067	2.267	2.478
10	1.10	1.210	1.331	1.465	1.611	1.772	1.949	2.144	2.358	2.594

TABLE CINQUIÈME.

Pesanteur spécifique de différentes substances, extraite de l'ouvrage de M. Brisson (15).

Acier, non trempé ni écroui	7.8331
— écroui, non trempé	7.8404
— trempé et non écroui	7.8163
Antimoine (Régule)	6.7021
Ardoise (neuve)	2.8535
Argent pur, fondu	10.4743
— forgé	10.5107
— de Paris, à 900 millièmes de fin, fondu	10.1752
— forgé	10.3765
Bière blanche	1.0231
— rouge	1.0338
Bismuth (Régule)	9.8227
Bois d'acajou	1.0000
— d'aune	0.8000
— de Brésil	1.030
— de buis de France	0.9120
— de buis de Hollande	1.3280
— de cerisier	0.7150
— de chêne	1.1700
— de coignassier	0.7050
— de coudrier	0.6000
— d'érable	0.7550
— d'ébènier d'Amérique	1.3310
— des Indes	1.2090
— de frène	0.8450
— de Gayac	1.3330
Bois de hêtre	0.8520
— de Liége	0.2400
— de néflier	0.9440
— de noyer de France	0.6710
— d'olivier	0.9270
— d'orme	0.6710
— de poirier	0.6610
— de pommier	0.7930
— de peuplier	0.3830
— de prunier	0.7850
— de sapin mâle	0.5500
— femelle	0.4980
— de tilleul	0.6040
Cire jaune	0.9648
— blanche	0.9686
Cidre	1.0181
Cristal blanc de France	2.8922
— de Montcénis	3.2549
— des glaces de Cherb.	2.5596
— de St. Gobin	2.4882
— de Bohême	2.3959
— de Flint-Glass	3.3293
Cuivre laiton fondu	8.3958
— passé à la filière ou au laminoir	8.5441
— rouge fondu	7.788
— passé à la filière	8.8785
Eau de pluie à la tempéra-	

ture de la glace fondante	1.0000
Eau distillée, *idem*	1.0000
— de mer	1.0263
Eau-de-vie, preuve	0.9131
Eau-de-vie double	0.8630
Esprit de vin du commerce	0.8371
— très rectifié	0.8293
Étain pur de Cornouailles, fondu	7.2914
— fondu et écrouï	7.2994
— de Melac, fondu	7.2963
— fondu et écrouï	7.3065
— de commerce, neuf fondu	7.3013
— écrouï	7.3115
— fin, fondu	7.4789
— écrouï	7.5194
— commun, fondu	7.9206
— claire-étoffe	8.4869
Fer fondu	7.2070
— forgé, écrouï ou non	7.7880
Huile de lin	0.9403
— de noix	0.9227
— d'olives	0.9153
— de pavots, ou œillets	0.9238
— de thérébentine	0.8697
— de lavande	0.8938
Ivoire	1.872
Marbres de France de 2.6400 à 2.8500	
Mercure coulant	13.5681
Or pur fondu	19.2572
— forgé	19.3617
— de bijoux, fondu	15.7090
— forgé	15.7746
Platine purifié, fondu	19.5000
— forgé	20.3366
— passé à la filière	21.0417
Plomb, fondu, écrouï ou non	11.3523
Soufre fondu	1.9907
Verre de bouteilles	2.7325
— de vitres	2.6425
Vin de Bordeaux	0.9939
— de Bourgogne	0.9915
— de Champagne, blanc, mousseux	0.9979
— de Malaga	1.0221
— de Constance	1.0819
Vinaigre rouge	1.0251
— blanc	1.0135
Zinc-Régule	7.1908

TABLE SIXIÈME,

Contenant quelques rapports d'une utilité fréquente.

Rapport du côté d'un triangle rectangle à son hypothénuse ,
    ou du côté d'un carré à sa diagonale 1.414
— du diamètre du cercle à sa circonférence 3.142
— du carré du diamètre du cercle à sa superficie 0.7854
— du carré du rayon à l'aire ou superficie du cercle . . 3.142
— du carré du diamètre de la sphère à sa superficie . . 3.142
— du cube du diamètre de la sphère à sa solidité. . . . 0.5235
— du côté du carré au diamètre du cercle équivalent en
    surface (16) 1.1283
— du côté du cube au diamètre d'un cylindre équivalent,
    dont la hauteur soit égale au diamètre (17) 1.0839
— des côtés des polygones au rayon du cercle dans le-
    quel ils peuvent être inscrits , savoir : (18)

de 5 côtés.	0.851	de 15	2.405
de 6	1.000	de 16	2.563
de 7	1.152	de 17	2.725
de 8	1.304	de 18	2.882
de 9	1.463	de 19	3.038
de 10	1.618	de 20	3.196
de 11	1.776	de 21	3.354
de 12	1.932	de 22	3.514
de 13	2.089	de 23	3.672
de 14	2.252	de 24	3.828

APPENDIX.

Méthode pour trouver exactement et avec tel nombre de décimales que l'on voudra, le quotient d'une division, ou la racine carrée d'un nombre.

Lorsqu'on fait une division par les procédés ordinaires du calcul, il faut essayer les chiffres du quotient, et il arrive souvent qu'on est obligé de recommencer une opération, parce qu'on a employé un chiffre trop grand ou trop petit, ce qui fait perdre du temps. Il en est de même lorsqu'on procède à l'extraction des racines carrées ; nous allons faire voir par les exemples suivants que, quoique les résultats que donne notre instrument ne soient qu'approximatifs, on peut s'en aider beaucoup pour éviter ces difficultés et pour obtenir exactement, soit le quotient d'une division, soit la racine carrée d'un nombre, et avec tel nombre de décimales qu'on voudra.

Exemple d'une division. On propose de diviser exactement 247 par 53, avec 8 décimales.

Les nombres étant écrits comme à l'ordinaire ,

$$
\begin{array}{l}
247 \left\{ \dfrac{53}{4.66037735} \right. \\[2pt]
212 \\ \hline
350 \\
318 \\ \hline
\quad 320 \\
\quad 318 \\ \hline
\qquad 200 \\
\qquad 159 \\ \hline
\qquad\quad 410 \\
\qquad\quad 371 \\ \hline
\qquad\qquad 390
\end{array}
$$

si l'on place le nombre 53 du cadran intérieur sous le nombre 247 du cadran extérieur, on trouvera que le quotient indiqué par l'index est environ 466 ; mais comme il n'y a que les deux premiers chiffres de ce quotient qui soient certains, nous n'écrirons que ces deux chiffres au quotient.

Nous multiplierons le diviseur 53 par 4, ce qui nous donnera pour produit 212 ; nous écrirons ce nombre 212 sous le dividende, et la soustraction faite, il restera 35, à quoi nous ajouterons un zéro, et en même temps nous mettrons au quotient un point après le chiffre 4.

Nous multiplierons ensuite 53 par 6, et le produit 318 étant écrit sous le nouveau dividende 350, nous ferons la soustraction. Il restera 32, à quoi nous ajouterons un zéro, et nous aurons un nouveau dividende 320.

Le nombre 53 du cadran intérieur étant placé sous ce nouveau dividende, l'index marquera pour quotient 603 ; mais nous n'écrirons que les deux premiers chiffres de ce quotient 60.

Nous multiplierons 53 par 6, et le produit 318 étant écrit sous 320, le reste de la soustraction sera 2, à quoi ajoutant un zéro, nous aurons 20 qui, ne contenant point 53, donnera au quotient le zéro déjà écrit.

Nous ajouterons à 20 un autre zéro, et nous aurons un nouveau dividende 200.

Le nombre 53 étant placé sous ce nouveau dividende 200, l'index marquera pour quotient 377, dont nous écrirons seulement les deux premiers chiffres 37. Après que nous aurons fait avec ces deux chiffres successivement les multiplications et les soustractions convenables, il nous restera 39 à quoi nous ajouterons encore un zéro, et nous aurons 390 à diviser par 53.

Le nombre 53 étant placé sous ce nouveau dividende 390,

l'index marquera pour dernier quotient 735, que nous ajouterons aux chiffres du quotient déjà trouvés, et nous aurons le quotient exact de la division proposée avec 8 décimales.

L'explication de cette opération est longue, mais l'opération elle-même se fait avec beaucoup de célérité.

Exemple de l'extraction d'une racine carrée. On demande la racine carrée de 384 avec cinq décimales.

Après que l'on aura posé l'opération comme à l'ordinaire, on procèdera de la manière suivante :

Cherchez, par les procédés indiqués dans cet écrit, la racine de 384, que vous trouverez environ 19.6 ; mais comme il n'y a que les deux premiers chiffres de certains, vous n'écrirez à la racine que ces deux premiers chiffres 19. Vous opérerez successivement sur chacun de ces deux chiffres comme à l'ordinaire et comme on le voit ici :

$$
\begin{array}{ll}
3|84 & \left\{ \begin{array}{l} 19.59592 \\ \hline 29 \end{array} \right. \\
\ \ 1 & \\
\hline
284 & 385 \\
261 & 3909 \\
\hline
\ \ 2300 & 3918 \\
\ \ 1925 & \\
\hline
37500 & \\
35181 & \\
\hline
231900 &
\end{array}
$$

alors il vous restera 23, à quoi vous ajouterez deux zéro, et vous aurez 2300 ; d'un autre côté ayant doublé la racine trouvée 19, vous aurez 38.

Vous vous rappellerez alors que le troisième chiffre de la racine trouvée d'abord était un 6 ; le supposant ajouté à 38, vous aurez 386. Placez l'index sur ce nombre 386, et cherchez dans le cadran intérieur le nombre auquel correspond 23, pris dans le cadran extérieur ; vous trouverez 596 ; mais comme il n'y a de certain que les deux premiers chiffres, vous n'écrirez à la racine que ces deux premiers chiffres 59.

Après que vous aurez opéré avec ces deux nouveaux chiffres suivant la méthode ordinaire, il vous restera d'une part 2319, à quoi vous ajouterez deux zéro, et de l'autre 3918.

Vous placerez l'index sur ce nombre 3918, puis cherchant dans le cadran intérieur le nombre auquel correspond 2319 pris dans le cadran extérieur, vous trouverez 592, et vous écrirez ces trois chiffres à la racine, qui sera 19.59592 et contiendra cinq décimales. La dernière seule de ces décimales sera incertaine ; mais on pourrait, s'il en était besoin, l'avoir exacte en ne l'écrivant point d'abord, et en se procurant, par une nouvelle opération semblable à celles que nous venons de décrire, deux nouveaux chiffres qui seraient 18, mais dont le dernier 8 étant supprimé il vous resterait 2, comme il vient d'être indiqué.

C'est ainsi qu'en s'aidant de l'arithmographe pour des opérations qui sont les plus difficiles de l'arithmétique, on s'affranchira de tout tâtonnement, et l'on obtiendra des résultats certains plus promptement qu'en opérant sans son secours.

Nota. On se servira avec beaucoup d'avantage du même moyen pour extraire les racines cubiques des nombres avec autant de décimales qu'on pourra le désirer.

Manière de procéder pour opérer par la voie des logarithmes.

Quoique les opérations que nous avons indiquées se fassent en général plus promptement avec l'arithmographe que par les moyens ordinaires du calcul, on a pu remarquer cependant qu'il en est quelques unes qui exigent des tâtonnements, et celles-ci se font bien plus aisément par la voix des logarithmes; telles sont celles qui ont pour objet la formation des puissances, l'extraction des racines, et celles qui sont relatives aux progressions. C'est pourquoi j'ai pensé que je ferais une chose agréable aux personnes à qui la méthode des logarithmes est familière, de leur donner la facilité de faire, sans autre secours que celui de mon instrument, les calculs du genre de ceux pour lesquels on emploie le plus ordinairement les logarithmes.

C'est dans cette vue que j'ai ajouté à quelques uns de mes instruments l'échelle des parties égales qui se voit dans celui que représente la figure 3e. près du bord, et qui, par la correspondance de ses divisions avec celles de l'échelle extérieure de l'arithmographe, forme une vraie table de logarithmes.

Lorsqu'on veut avoir le logarithme d'un nombre, il faut poser la flèche sur la division de l'échelle extérieure de l'arithmographe qui exprime ce nombre; on place ensuite l'index mobile dans la direction de la flèche. Le point marqué par l'extrémité de cet index marque alors, au moyen du nonius qui y est adapté, les décimales du logarithme cherché, auquel on donne ensuite le caractéristique qui lui convient.

Les logarithmes que l'on obtient par ce moyen ne contiennent à la vérité que 3 ou 4 décimales au plus; mais cependant ils peuvent suffire dans une multitude de circonstances où l'on n'a besoin que de résultats approximatifs.

Lorsqu'on veut avoir le nombre naturel d'un logarithme donné, on fait l'opération inverse, c'est-à-dire que l'on place l'index mobile dans la direction de la flèche; on fait ensuite mouvoir le cadran intérieur jusqu'à ce que l'index marque les décimales du logarithme, après quoi on détourne l'index, et le nombre indiqué par la flèche est le nombre naturel cherché.

Pour avoir le logarithme d'une fraction ordinaire, on commence par disposer les cadrans de l'arithmographe comme s'il s'agissait de convertir la fraction donnée en fraction décimale, c'est-à-dire que l'on place le dénominateur sous le numérateur pris dans le cadran extérieur, et l'on prend ensuite le logarithme du nombre marqué par la flèche, nombre qui est l'expression décimale de la fraction.

1er. *Exemple*. On demande le logarithme du nombre naturel 4850.

Placez la flèche sur le nombre 485, amenez l'index mobile dans la direction de la flèche, comme on le voit fig. 3 ; vous verrez que le nombre qu'il marquera sur l'échelle des parties égales, sera 6857, à quoi ajoutant la caractéristique des mille qui est 3, le logarithme cherché sera 3.6857.

2e. *Exemple*. Soit le logarithme 4.6857 dont on demande le nombre naturel.

Placez l'index mobile dans la direction de la flèche, et faites tourner le cadran intérieur jusqu'à ce que l'index mobile marque, sur l'échelle des parties égales, le nombre 6857, fig. 3 ; détournez l'index, vous trouverez que le nombre marqué par la flèche est 485, et comme la caractéristique 4 du logarithme donné indique que le premier chiffre du nombre est de l'ordre des dixaines de mille, le nombre cherché sera 48500.

3e. *Exemple*. On demande le logarithme de la fraction ordinaire 31/628.

Placez le dénominateur 628, pris dans le cadran intérieur, sous le numérateur 31, comme on le voit fig. 3 ; amenez l'index mobile dans la direction de la flèche ; le nombre 6857 qu'il indiquera sur l'échelle des parties égales, sera le logarithme de la fraction, auquel vous ajouterez la caractéristique convenable — 2 ou 8, et vous aurez 8.6857.

Par cette opération, on effectue la division indiquée par la fraction de 31 par 628, et le logarithme trouvé est celui du quotient, ou de la fraction décimale équivalente o.o485.

Ces notions suffiront pour mettre les personnes qui connaissent la méthode des logarithmes, en état de faire avec notre instrument toutes les opérations pour lesquelles elles voudront l'employer, et de plus longues explications seraient superflues.

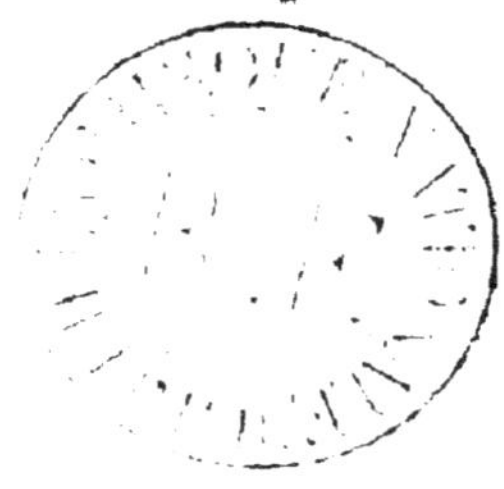

F I N.

NOTES.

(1) Si les moyens mécaniques n'ont pas l'exactitude rigoureuse et mathématique, ils ont quelque chose qui en dédommage ; ils sont plus expéditifs que le calcul ; ils ne fatiguent point l'esprit et peuvent, par une simple routine, devenir à la portée des hommes qui sont le moins en état de faire les opérations ordinaires de l'arithmétique. Un avantage non moins précieux, et qui est particulier à l'instrument dont il s'agit ici, c'est que les erreurs possibles ne tombent jamais que sur les derniers chiffres qui sont de moindre importance, tandis que par le calcul, on peut en commettre sur les chiffres supérieurs, comme sur les derniers.

Il ne faut pas s'imaginer cependant que l'on puisse abandonner le calcul, pour se servir uniquement de notre instrument ; ceux qui voudront en faire usage, reconnaîtront bientôt que, s'il suffit dans plusieurs occasions, il en est néanmoins beaucoup où l'on ne peut l'employer que pour faciliter les opérations et s'assurer que les résultats en sont exacts, sans avoir besoin de les vérifier.

Il est certain d'ailleurs que l'on ne peut bien comprendre le mécanisme de l'arithmographe et s'en servir utilement, qu'autant que l'on est en état de faire avec la plume toutes les opérations auxquelles il est propre.

(2) Les échelles logarithmiques sont très connues en Angleterre, non pas seulement des savants, mais encore des hommes de différentes professions ; on les trouve entre les mains de beaucoup de négociants, et particulièrement dans celles des employés des douanes qui en font usage avec une merveilleuse facilité.

M. Prieur (de la Côte-d'Or), un des hommes qui ont le plus contribué à l'établissement du nouveau système métrique, avait prévu l'utilité dont pourraient être de pareils instruments pour faciliter la conversion des anciennes mesures en nouvelles ; voici comment il s'en explique, pages 16 et 17 de son Instruction sur le calcul décimal.

« On pourra même donner au public une méthode très ingénieuse, au moyen de
» laquelle toutes les multiplications et les divisions se font par la simple inspection
» de la coïncidence de deux règles portant une division, que ceux qui comprendront
» les logarithmes, comprendront parfaitement, et qui n'en donnera pas moins une
» très grande facilité à ceux qui se contenteront de se servir de l'instrument tout
» fait. »

(3) Il est bien entendu que si l'on voulait faire des calculs rigoureusement exacts, il ne faudrait pas se permettre de faire subir aux nombres de pareilles altérations ; mais dans les cas les plus ordinaires elles sont sans inconvénient.

8

(4) Nous invitons ceux de nos lecteurs qui voudront se convaincre de cette vérité, à faire alternativement quelques opérations avec la plume et avec l'instrument; ils reconnaîtront, surtout quand ils auront acquis par la pratique la facilité convenable, que le temps seul qu'il faut pour poser l'opération est plus long que celui qu'exige l'emploi de l'instrument, pour en obtenir le résultat.

(5) Les résultats de toutes les opérations dont nous venons de donner des exemples, ne sont qu'approximatifs; mais l'erreur dont ils sont viciés ne tombe que sur les derniers chiffres, tandis que dans les opérations que l'on fait avec la plume, on peut se tromper aussi bien sur les premiers chiffres que sur les derniers; on se servira avec beaucoup d'avantage, dans ce cas, de notre instrument pour se prémunir contre de pareilles erreurs, et se dispenser de faire la preuve de son opération; il suffira de faire l'opération en même temps avec l'arithmographe, et de voir si le résultat donné par le calcul, s'accorde avec celui qui est indiqué par l'instrument: on aura ainsi sans nouveau calcul la preuve du premier.

(6) Nous ferons à la division l'application de la note précédente, et nous ferons remarquer que l'on pourra se prémunir également contre les erreurs que l'on pourrait commettre dans ces sortes d'opérations, en les répétant en même temps avec l'arithmographe, qui donnera la preuve de l'exactitude du quotient trouvé par le calcul.

(7) La nécessité de donner à tous les produits successifs la valeur qui leur convient, pour arriver enfin à celle du dernier produit, paraîtra sans doute une marche lente et pénible; mais nous avons dû l'indiquer; on s'affranchira de cette difficulté, en suivant le procédé que voici:

Placez l'index sur le nombre donné, soit 2.67, et prenez successivement, sans vous inquiéter de leur valeur, les produits de ce nombre par sa deuxième, sa troisième, sa quatrième puissances, etc., jusqu'à ce que vous soyez parvenu à la puissance demandée, soit la huitième, que vous trouverez indiquée par les chiffres 258, auxquelles il s'agit de donner leur valeur.

Le nombre donné n'ayant qu'un seul chiffre d'entier, qui est 2, suivi de quelques chiffres décimaux, il s'ensuit que la huitième puissance doit être plus grande que celle du chiffre 2, et moins grande que celle de 3.

Consultez la Table troisième, intitulée: *Puissances des nombres simples;* vous trouverez que la sixième puissance de 2 est 256, et celle de 3, 6561; le nombre cherché, plus grand que 256, et moindre que 6561, sera donc 258.

Par la même raison, ayant trouvé la sixième puissance de 48.5, exprimée par les chiffres 1302, pour donner à ce nombre sa juste valeur, nous supposerons que le nombre donné est réduit à un seul chiffre d'entier 4.85, dont la sixième puissance, plus grande que 4096, sixième puissance de 4, et moindre que 15625, sixième puissance de 5, sera par conséquent 13020.

Mais pour faire cette opération, nous avons divisé le nombre donné par 10, afin d'amener le produit définitif 13020 à sa juste valeur ; nous l'augmenterons donc d'autant de zéro qu'il y en a à la sixième puissance de 10, c'est-à-dire de 6 zéro, et le produit cherché, sixième puissance de 48.5, sera 13020000000.

(8) L'auteur de cet écrit a publié, sous le titre d'*Éléments du nouveau système métrique*, un ouvrage à la suite duquel on trouvera les rapports de toutes les anciennes mesures agraires de France avec les nouvelles.

(9) La fraction 2/97 n'est pas tout-à-fait équivalente à 65/3150 ; elle est plus grande, mais d'une quantité si petite qu'on peut la négliger.

Si l'on voulait avoir l'expression de cette même fraction en une autre dont le dénominateur fût déterminé, comme par exemple en seizièmes, les cadrans étant dans la même position, on cherchera dans le cadran intérieur le nombre correspondant à 16, pris dans le cadran extérieur, et l'on trouvera 33, nombre auquel il faut donner sa valeur, et on la trouvera par cette proportion : 97 : 2 :: 16 : x, qui, convertie en celle-ci : 9.7 : 2 :: 1.6 : 0.33, donnera pour quatrième terme 0.33/16. Ainsi, la valeur cherchée sera à peu près 1/3 de seizième.

(10) L'instrument n'indique que les chiffres 206, et il faut donner à ces chiffres leur valeur ; c'est à quoi l'on parviendra par cette proportion qui se trouve marquée 3150 : 65 :: 1 : x, et qui, transformée en celle-ci : 31.50 : 65 :: 0.01 : 0.0206. (Voyez l'article de la règle de trois.)

(11) Il y a dans le résultat de cette opération une légère erreur qui s'aperçoit d'abord ; c'est que 82, part du premier, multiplié par 6, part du troisième, ne doit pas donner 493, mais seulement 492. Cette erreur provient de ce qu'il y a dans les produits quelques fractions négligées ; en effet, un calcul exact donnerait,

pour la part du premier	82.051
pour celle du deuxième	164.102
pour celle du troisième	492.366
pour celle du quatrième	2461.53
	3199.989

La différence, comme l'on voit, est bien faible, et n'est d'aucune importance pour les parties prenantes qui peuvent être considérées comme ayant leur compte juste.

(12) On obtiendra le même résultat par une autre opération, qui consiste à prendre pour 7 mois les 7/12 de la somme donnée, et à chercher ensuite l'intérêt à 5 pour cent de ces 7/12. Placez le nombre 12 du cadran intérieur sous le nombre 3200 du cadran extérieur, et au lieu de prendre pour quotient le nombre marqué par l'index, prenez celui auquel correspond le nombre 7 du cadran intérieur, et qui est 1865. Placez l'index sur ce nombre 1865, celui auquel correspondra le nombre 5 du cadran intérieur, sera 93.4, montant de l'intérêt cherché.

On pourrait aussi commencer par prendre les 7/12 du taux de l'intérêt 5 , ce qui donnerait 2.923 , et l'index étant placé sur ce nombre ; on trouverait que le nombre correspondant à 3200 , pris dans le cadran intérieur , serait encore 93.4.

(13) La somme de tous les termes de cette dernière progression 28240 , ajoutée au reste trouvé plus haut 35700 , formera un total de 63940 . somme qui , comme l'on voit , ne diffère que très peu du nombre originaire 64000. Et ce résultat est plus exact qu'il ne faut , si l'on n'a besoin que d'une simple approximation , comme il arrive le plus communément dans ces sortes de questions.

(14) Les personnes qui désireraient avoir une connaissance plus exacte des opérations du jaugeage , pourront consulter l'écrit que l'auteur de celui-ci a publié sous le nom d'*Explication de la jauge logarithmique,* instrument très commode , et au moyen duquel tous les calculs se réduisent à une simple addition.

(15) La connaissance de la pesanteur spécifique des corps est très utile dans les sciences, le commerce et les arts. C'est par son moyen que l'on peut reconnaître si les substances sont en effet ce qu'elles semblent être , ou jusqu'à quel point elles ont été altérées par l'alliage de substances étrangères , et cela ne s'applique pas seulement aux métaux ou autres corps solides , mais encore aux liquides. C'est par son moyen que l'on peut déterminer les dimensions des objets que l'on veut construire , selon le poids qu'il convient de leur donner , ou en connaître d'avance la pesanteur, d'après leurs dimensions, etc.

On n'a pas rapporté dans cette table toutes les substances dont M. Brisson a déterminé la pesanteur spécifique , mais seulement celles dont on fait le plus fréquemment usage dans le commerce et les arts ; on peut au besoin consulter son ouvrage.

La pesanteur spécifique de toutes les substances est rapportée à celle de l'eau distillée à la température de la glace fondante supposée 1. Et comme l'on sait que le poids du kilogramme est égal à celui du décimètre cube d'eau distillée , il s'en suit que tous les nombres donnés dans cette table expriment en kilogrammes ou fractions de kilog. le poids du décimètre cube ou du litre des substances , soit solides , soit fluides qui y sont rapportées.

Ainsi , par exemple , la pesanteur spécifique du cuivre rouge fondu est portée à 7.788 ; cela signifie que le décimètre cube de ce métal pèse en kilog. 7.788. La pesanteur spécifique de l'huile de lin est portée à 0.9403 ; cela signifie que le litre de cette huile pèse en kilog, 0.9403.

Le poids du décimètre cube étant donné par la table , on aura la solidité du kilogramme par le rapport inverse.

Ainsi , le poids du décimètre cube du cuivre rouge fondu étant 7.788 , si l'on veut savoir qu'elle est la solidité d'un kilogramme de cette matière , on la trouvera par cette proposition 7.788 : 1 :: 1 : x (*) , dont le quatrième terme 0.1286 fera connaître que le kilogramme de ce métal contient en *décimèt. cube* 0.1286, c'est-à-dire 1286 dix-millièmes, ou *centimèt. cub.* 128.6, ou bien encore, *millimèt. cub.* 128600.

La pesanteur spécifique de l'esprit de vin du commerce est portée à 0.8371 ; si l'on veut connaître combien il faut de cette liqueur pour faire un kilogramme , on le trouvera par le rapport inverse , et par conséquent en divisant l'unité par 0.8371 ; le quotient 1.193 fera connaître que pour faire un kilogramme de cette liqueur , il faut 1 litre et 193 millièmes ou près de 2 dixièmes.

On ne donnera pas ici des exemples des divers usages que l'on peut faire de la table des pesanteurs spécifiques ; nous nous contenterons de choisir dans le nombre les deux suivants:

1er. *Exemple.* On désirerait savoir quel sera en fer forgé le poids d'un parallèlipipède dont le modèle exécuté en bois de poirier pèse *kil.* 0.27.

La pesanteur spécifique du poirier est portée dans la table , à 0.6610, et celle du fer forgé à 7.788. Placez le nombre 661 sous le nombre 7788 du cadran extérieur , vous trouverez marquée cette proportion: 0.661 : 7.788 :: 0.27 : 3.18 , qui vous fera connaître que le poids cherché sera *kilog.* 3.18.

2e. *Exemple.* On demande quel diamètre il convient de donner à une sphère , ou boulet de fer fondu , pour que son poids soit de 6 kilogrammes. .

Prenez dans la table la pesanteur spécifique du fer fondu, qui est 7.207; ce qui vous indique que le décimètre cube de cette matière pèse *kilog.* 7.207.

Faites cette proportion : 7.207 : 1 :: 1 : 0.1388 , dont le quatrième terme sera l'expression de la solidité du kilogramme de fer fondu en décimètre cube , c'est-à-dire que le kilogramme de fer fondu contient en *décimèt. cube* 0.1388, ou en *centimètres cubes* 138.8 , ou en millimètres cubes 138.800.

Multipliez 138800 par 6, vous aurez 832800 , qui sera la solidité de la sphère demandée.

Prenez dans la table le rapport du cube du diamètre à la solidité de la sphère , qui est 0.5235 , puis faites cette proportion : 0.5235 : 1 :: 832.800 : x , dont le quatrième terme 1590000 sera le cube du diamètre.

Prenez la racine cubique de 1590000 , qui est 116.8 ; ce sera en millimètres le diamètre demandé.

(16) Ce rapport sera d'un usage très commode pour avoir promptement le diamètre d'un cercle dont la superficie soit égale à celle d'un carré donné et *vice versâ.*

Soit par exemple , un carré dont le côté a , *centim.* 47.4. Placez l'index sur le

---

(*) Cette proportion se réduit à la division de 1 par 7.788.

nombre 1.1283 , vous trouverez marquée cette proportion 1 : 1.1283 :: 47.4 : 53.5 , dont le quatrième terme 53.5 sera le diamèt. demandé.

Réciproquement, si le diamètre d'un cercle donné étant par exemple 62 , vous voulez avoir le côté d'un carré équivalent , vous le trouverez par la proportion inverse : 1.1283 : 1 :: 62 : 55 , dont le quatrième terme 55 sera le côté du carré demandé.

(17) On peut faire usage de ce rapport pour avoir promptement le diamètre qu'il convient de donner à un cylindre d'une solidité déterminée, dont la hauteur soit égale au diamètre.

Soit, par exemple , la solidité qu'on veut donner à un pareil cylindre , *millim. cube.* 846000. Tirez la racine cubique de 846000 , qui est à peu près 94.5 ; faites ensuite cette proportion : 1 : 1.0839 :: 94.5 : x , dont le quatrième terme 102.5 sera le diamètre et la hauteur du cylindre demandé ; c'est-à-dire que la solidité de ce cylindre sera égale à celle d'un cube de *millim.* 94.5 de côté.

On se servira de ce même rapport pour obtenir le diamètre d'un cylindre d'un volume déterminé , dont la hauteur soit dans un rapport connu avec le diamètre.

Soit par exemple , à construire un cylindre dont la solidité soit de 1689000 millimètres cubes , et dont la hauteur soit égale à 2 fois et 1/2 son diamètre.

Divisez 1689000 par 2.5 ; vous aurez pour quotient 675600.

Tirez la racine cubique de 675600 , qui est à très peu près 87.7 , faites ensuite cette proportion 1 : 1.0839 :: 87.7 : x , pour quatrième terme de laquelle l'instrument vous donnera 95.1 , et ce dernier nombre sera le diamètre cherché.

(18) Ces rapports serviront à déterminer , soit le rayon du cercle dans lequel doit être inscrit un polygone, dont un côté est donné, soit le côté du polygone, lorsqu'on connaît le rayon du cercle circonscrit.

Soit, par exemple , une ligne de 27 centimètres , sur laquelle on propose de construire un polygone de 13 côtés.

Prenez dans la table le rapport du polygone de 13 côtés , qui est 2.089 , placez l'index sur ce nombre ; vous trouverez marquée cette proportion : 1 : 2.089 :: 27 : 56.3 , dont le quatrième terme 56.3 sera le rayon du cercle dans lequel vous pourrez inscrire le polygone demandé de 13 côtés.

Soit encore un cercle dont le rayon a 43 centimètres , et dans lequel il s'agit d'inscrire un polygone de 12 côtés.

Placez l'index sur le nombre 1.932 , qui est le rapport du polygone de 12 côtés , vous trouverez marquée cette proportion : 1.932 : 1 :: 43 : 22.22 , dont le quatrième terme 22.22 fera connaître que les côtés du polygone demandé devront avoir, *centimètres* 22.22 de longueur.

FIN DES NOTES.

TABLE

DES MATIÈRES.

FIN DE LA TABLE.

Fig. 1ᵉʳ
A
B
1 2 3 4 5 6 7 8 9 10 11
1 2 3 4 5 6 7 8 9 10 11 12 13 14 15
Fig. 2.
ARITHMOGRAPHE

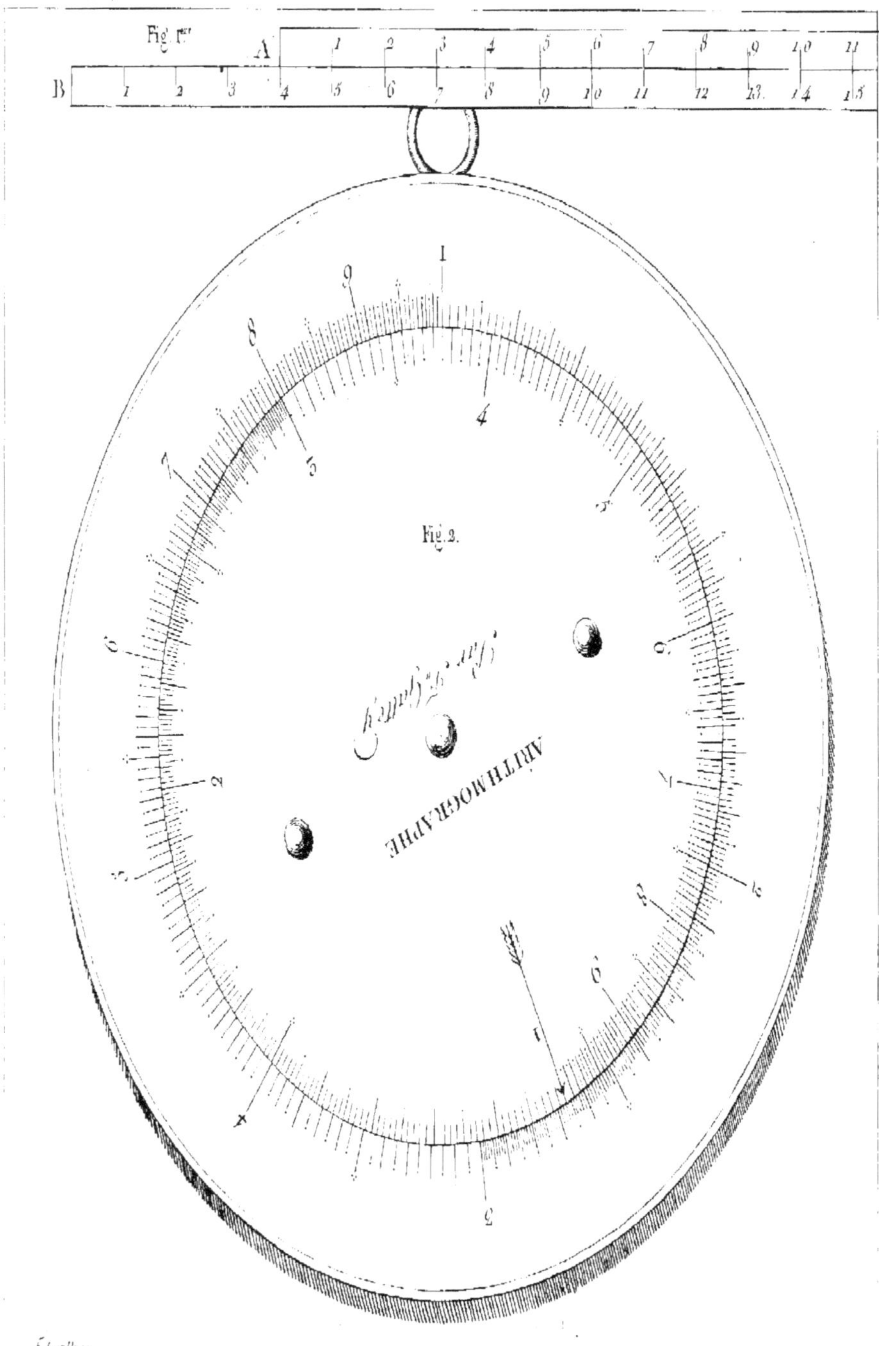

F. Gallay

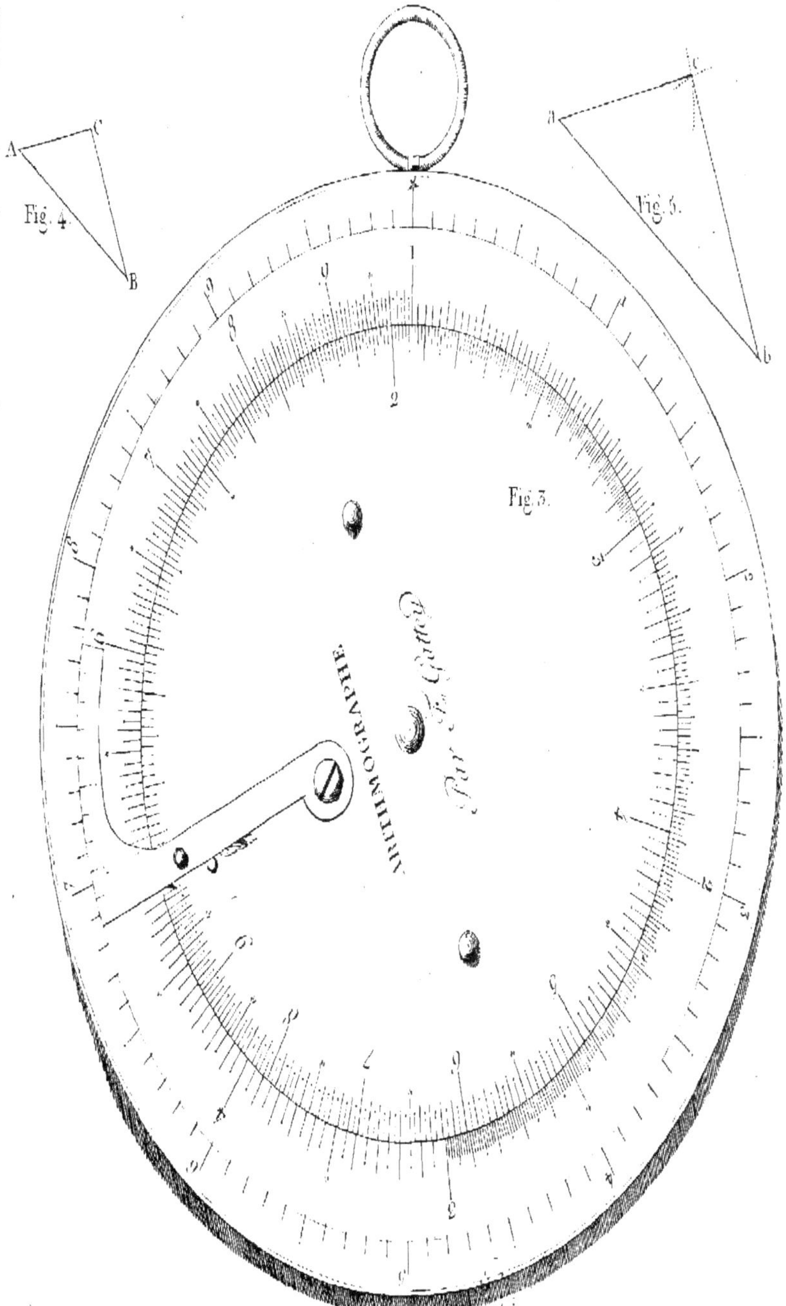

Arithmographe.

Fig. 4.

A

C

B

Fig. 5.

a

c

b

Fig. 3.

F. Gatley

1